不可思議的
料理科學

從科學角度切入美味的原因
淺顯易懂，可以自己實驗的工具書

平松サリー 著　　蔡婷朱 譯

晨星出版

目次

第6章　不可思議的味覺

第7章　連大人也會嚇一跳的料理妙招

前言

我們的生活中隱藏著各種科學知識。

雲是怎麼形成的？為什麼戴上眼鏡後就能看得更清楚？這些平常看似理所當然的事物，都有它形成的機制與原因。科學，就是找出並搞懂這些機制與原因。

我們每天稀鬆平常吃下肚的料理也蘊藏著許多科學。為什麼蛋水煮後就會凝固？為什麼烤番薯是甜的？

本書將介紹這些與料理相關的科學。各位不妨邊閱讀，邊想想喜歡的食物及最近曾吃過的料理。

另外，食物科學最有趣的地方，就是在家便能輕鬆做實驗。書中更列出了用超市買來的材料及廚房裡的道具就能進行的實驗。對於閱讀內容後仍無法被說服的讀者，不妨用自己的眼睛及舌頭來做確認。

當各位在讀完本書後，相信對於常出現在料理中的食物想法也會有些許改變。接下來就讓我們一起尋找隱藏在身邊的科學吧！

在進入本文之前，先讓我解說幾個與料理科學相關的用語。

食物，是由許許多多的物質所組成，而這些物質則是由非常非常小的粒子編組在一起。

其中最小的單位叫「原子」，數個原子組合後會形成「分子」。

舉例來說，水是由許多的水分子集結而成。每個水分子則帶有1個氧原子及2個氫原子。水分子就像是由2種串珠（氧原子及氫原子）串成

的作品,各位不妨想像一下有好多好多串珠會是什麼樣的情形。

砂糖及蜂蜜主要成分是糖,要完成一個糖作品,就需要用到更大量的串珠。蜂蜜含有大量的葡萄糖,每個葡萄糖分子是由6個碳原子、12個氫原子、6個氧原子組合而成,砂糖主要成分的蔗糖組成原子數則是葡萄糖的2倍左右。這些分子大量聚集在一起後,就會形成1顆小小的砂糖。

當葡萄糖裡的小零件串聯,變成一條長長的鎖鏈後,會形成名為「澱粉」的成分。這也是讓稻米帶黏性、太白粉能呈黏稠狀的成分。澱粉更會附著在植物的種子或根部,成為能量來源。

同樣地,名為胺基酸的小零件串聯後,就會形成蛋白質。蛋白質內含的胺基酸種類有20種,每個胺基酸分子都是由10~27個原子編組而成。胺基酸經過組合後,會產出各種蛋白質,有些是形成肌肉的材料,有些則是能幫助體內產生各種變化的「酵素」。

除了上述物質外,食物中還含有其他各種物質,在製成料理的過程中會出現變化,或是對其他物質帶來影響。無論是砧板上,或是平底鍋裡,正進行著許多你我肉眼無法看見的變化。本書將針對部分的變化來與各位好好聊聊。

第**1**章

水和油
能夠混在一起嗎？

1.什麼是美乃滋？

①美乃滋與淋醬

　　美乃滋能用在各式各樣的料理中，無論是水煮花椰菜沾醬、淋在大阪燒上、拌成鮪魚沙拉、還是拌成鮮蝦沙拉，美乃滋總是相當受到喜愛。說不定還有人喜歡到每天都會吃美乃滋呢！

　　那麼，美乃滋究竟是如何製成的？讓我們回想一下美乃滋的顏色及味道，來猜猜裡頭究竟有什麼成分。味道柔和，還帶點酸味及鹹味。顏色的話……是淡淡的奶油色。這樣應該是有黃色系的材料吧？

　　公布正確答案！依照多寡順序，材料有油、蛋、醋、鹽，以及少許胡椒。有時還會依個人喜好添加黃芥末。

　　淋醬的基本材料為油、醋、鹽、胡椒，兩者的材料相似度還蠻高的呢！

　　但是，美乃滋與淋醬有個非常大的不同之處。含油的淋醬就算混合後，只要靜置片刻，油就會與其他成分分離，因此使用前必須再次充分搖晃混合。

那麼，美乃滋的情況是怎樣呢？即便經過許久，美乃滋的油也不會與其他成分分離。無論是放在冰箱冷藏1週或是1個月，都仍會是濃稠的奶油狀。

②為什麼淋醬會出現分離？

　　為什麼淋醬的油會分離呢？其實就像我們常說的形容詞「有如油和水般」，油和水的感情非常不好，沒有辦法融合為一。淋醬材料中的醋是內含「醋酸」等成分的水，因此怎麼樣都沒辦法與油混在一起。

　　搖晃或攪拌淋醬後，乍看之下淋醬的油水會暫時混合在一起。這是因為水變成小粒子，分散在油當中，此狀態又稱為「乳化」。然而，靜置一段時間後，油和水又會完全分離。各位不妨想像有2支關係很差的隊伍，與其要成員們穿插比鄰而坐，還不如將油隊及水隊各自帶開，這樣兩邊的心情也會好一些。當水粒子與油粒子分別聚集在一起並且愈變愈大，最後當然就形成油是油、水是水的情況了。

■**材料**

- 沙拉油……2大匙
- 醋……1又1/2大匙
- 醬油……1大匙
- 胡椒……少許

> ※甜味具有抑制酸味的效果，因此不愛吃酸的人可以添加1/2小匙的砂糖。

■**準備用具**

- 料理盆
- 打蛋器

■**做法**

①**混合油以外的材料**

將油以外的材料放入料理盆中攪拌混合。

②**加入油**

加入油，再以打蛋器充分攪拌。當整體顏色變白、變濃稠即可完成。

　　醋與醬油都是內含各種成分的水，所以彼此能夠順利混合。但是沙拉油卻無法與任何一方融合為一。就算在混合了醋與醬油後加入沙拉油，醬油醋的水層還是會往下沉，上頭則浮著沙拉油。

　　用打蛋器充分攪拌後，醋與醬油會變成細小粒子，暫時分散在油當中。不過經過一段時間，水粒子們又會聚集愈變愈大，到最後還是會分離成醬油醋的水層及沙拉油層。

2.美乃滋的祕密

①乳化機制

　　美乃滋也有使用油及醋，但美乃滋不像淋醬一樣，經過一段時間就會油水分離。這是為什麼呢？讓我們來比較看看美乃滋與淋醬的材料。

　　淋醬的材料：油、醋、鹽、胡椒。

　　美乃滋的材料：油、蛋、醋、鹽、胡椒。

　　有看出哪裡不一樣了嗎？沒錯，就是蛋！看來這裡隱藏著祕密。

　　敲開蛋殼後，我們會看見透明的蛋白及黃色的蛋黃。蛋黃中名為「卵磷脂」與「脂蛋白」的物質就是祕密關鍵所在。這些物質分別擁有與油友好及與水友好的部分。

　　若「卵磷脂」與「脂蛋白」介入油水交界處會發生什麼事情呢？這些物質會覆蓋在油水交界處，與油友好的部分比較靠近油，與水友好的部分則會比較靠近水。如此一來，無論是水或油都不用勉強自己與對方接觸。擁有此特性的物質稱為「乳化劑」，能夠幫助打散油與水，使油水呈現「乳化」狀態。美乃滋就是在蛋黃內含的乳化劑幫助下，讓小顆粒的油能夠大量分散在水（醋）之中。

美乃滋的結構

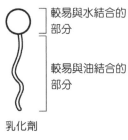

較易與水結合的
部分

較易與油結合的
部分

乳化劑

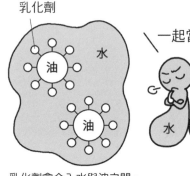
乳化劑

水

油

油

乳化劑會介入水與油之間，
進行乳化。

一起當好朋友吧♪

水

乳化劑

油

②試做美乃滋

　　美乃滋可分成只使用蛋黃的蛋黃美乃滋，以及使用整顆蛋的全蛋美乃滋。幫助乳化的成分存在於蛋黃中，因此蛋黃的比例愈多，愈不容易失敗。首先，讓我們來挑戰看看蛋黃美乃滋吧。

做做看❷　蛋黃美乃滋

■**材料**（容易製作的份量）

· 蛋黃……2顆（約40g）

· 沙拉油……160mL

· 醋……2大匙

· 鹽……1/2小匙

· 胡椒……少許

· 黃芥末醬……2小匙

■準備用具

・料理盆（建議使用金屬製或玻璃製）

・打蛋器

・湯匙

・溼抹布

・量杯等有傾倒口的容器（非必備品）

■做法

①混合油以外的材料

將蛋黃、鹽、胡椒、黃芥末醬倒入料理盆，並以打蛋器攪拌。

接著再慢慢加入醋，整個攪拌均勻。

②加入油

以打蛋器邊攪拌，邊逐量加入少許的油。

首先，加入1匙油後，須攪拌10秒，以這樣的方式慢慢添加。當表面看不見油的時候，再加入下1匙油。當液體變濃稠時，便可以開始增加油的份量。

■訣竅

● 建議使用金屬製或玻璃製的料理盆。塑膠與油的關係很好，因此容易使油分離。可在料理盆下方舖條溼抹布避免料理盆位移，並將油裝在量杯等有傾倒口的容器，讓加油作業更輕鬆。

● 儘量使用新鮮的蛋。蛋放置過久的話，乳化劑的卵磷脂含量將會變少。

實 驗 看 看 ① 特調美乃滋

改變醋的種類，來做看看特調美乃滋吧。

例如：米醋、穀物醋、蘋果醋、義大利香醋。

也可以檸檬汁代替醋。若改使用檸檬汁，將能讓美乃滋的風味更加柔和清爽。

此外，水果當中的果膠能夠幫助乳化，加強濃稠度。各位不妨比較看看完成品的柔順差異。

調 查 看 看 1

將美乃滋加熱或冷凍有時會出現分離。這是為什麼呢？（提示與解說請參照163頁）

　　把油加入水裡面是沒辦法融合在一起的，但是為何加入碗盤清潔劑後，油水就能混合為一呢？

　　這是因為清潔劑擁有「乳化劑」的性質，能將附著在餐具表面的油汙乳化，變得更容易溶解於水中，並被清洗乾淨。洗衣用清潔劑也是以相同的方式去除髒汙。

實驗看看② 確認清潔劑對油與水帶來的變化

■準備用具

- 500mL寶特瓶
- 沙拉油……4大匙
- 水……4大匙
- 碗盤清潔劑……2大匙

■做法

①試著混合油與水

將水與沙拉油倒入寶特瓶並蓋緊蓋子。經過用力搖晃後，油會變成小粒子，分散於水之中。

但是靜置片刻後，油粒子會開始集結在一起且愈變愈大，最後油水又呈現分離狀態。

②加入清潔劑

於①的寶特瓶中加入少許清潔劑並蓋緊蓋子。只要輕輕搖晃混合，便能讓油水融合在一起。（太過用力搖晃會產生泡沫，因此輕輕搖晃就好）。

（注意：添加清潔劑的油或水不可食用。）

第**2**章

滑嫩的蛋
與軟Q的蛋

1.凝固的蛋

①為什麼蛋會凝固？

　　水煮蛋、歐姆蛋、日式煎蛋、荷包蛋，還有溫泉蛋……大家喜愛的料理中，很多都有使用到蛋。這裡來向各位介紹一下與蛋料理有關的科學。

　　首先，請各位想想生蛋的樣子。如果今天晚餐正好有蛋料理，不妨在烹煮前觀察生蛋看看。

　　敲開蛋殼後，裡頭會流出黃色的圓蛋黃及透明的蛋白。蛋白呈軟Q果凍狀。蛋黃則包覆一層薄膜，薄膜破掉的話，就會流出濃稠液體。接著用筷子或打蛋器充分打散蛋白與蛋黃，就會變成水水的液體。

　　那麼，以水煮或熱煎的方式加熱生蛋又會是怎樣的呢？蛋具有「遇熱凝固」的特性，因此連同蛋殼將整顆蛋加熱的話，會變成跟蛋殼外型一樣的水煮蛋。如果將蛋敲開，放入平底鍋熱煎的話，就會變成荷包蛋。於打散的蛋液中加入其他材料，倒入杯子悶蒸的話，就會變成杯子布丁，煎成薄薄一層再捲起來的話，就會變日式煎蛋。

　　究竟為何蛋加熱就會凝固？
　　這是因為蛋裡面含有大量的一種名叫「蛋白質」的成分特性所

致。蛋白質是由許多名為胺基酸的小零件所組成的鎖鏈，這些鎖鏈全都折疊在一起。依照不同的零件組合、串聯、折疊方式，蛋白質又可以分為各式各樣不同的類型。除了蛋以外，魚、肉中也含有大量蛋白質，是我們身體組成上相當重要的成分（所以蛋白質可是一定要認真攝取的重要養分）。

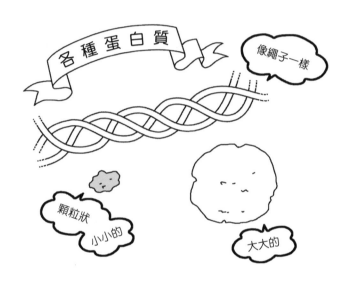

蛋白質種類不同，呈現的形狀也不同。蛋裡面大部分的蛋白質呈現折疊狀態的小顆粒狀。生蛋液體中則是漂浮著許多小粒子，這些粒子能夠自由流動、改變形狀。不過，只要經過加熱，蛋白質就會出現某種變化。原本折疊狀態的蛋白質鎖鏈會解開，變成像線一樣，交織成網子形狀。由於許多的蛋白質同類相互交錯，因此原本分開的粒子會變得無法自由移動。如此一來，蛋就會凝固。

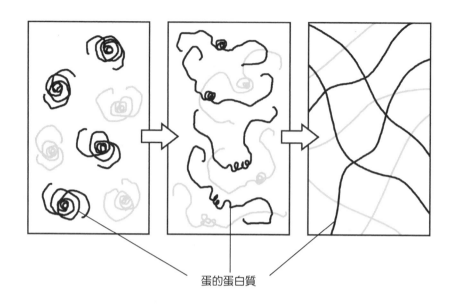

蛋的蛋白質

②水煮蛋做法

蛋凝固後，就可以完成名為「水煮蛋」的料理。水煮蛋又可分為蛋黃也完全煮熟的「全熟水煮蛋」，以及蛋黃呈滑嫩濃稠狀態的「溏心蛋」。各位比較喜歡哪種水煮蛋呢？

讓我們來做2種蛋比較看看。

做做看③　　**溏心蛋與全熟水煮蛋**

■**材料**

• 蛋……2顆（1顆做成溏心蛋，另1顆做成全熟水煮蛋）

• 鹽或醋……用量請參照做法①

■準備用具

- 鍋子
- 湯勺
- 料理盆
- 碼錶或計時器

■做法

①將蛋與水放入鍋中

將蛋放入鍋中，倒入水，高度須蓋過蛋，接著加入鹽或醋，並以大火加熱（1L的水大約加2小匙的鹽或2大匙的醋）。偶爾以湯勺輕輕翻動的話，就能讓蛋黃在正中央。

②水煮蛋

水開始沸騰後，轉成小～中火（蛋會輕輕晃動的火候）。接著以碼錶或計時器計時。

③取出溏心蛋

水滾經過5分鐘後，以湯杓取出1顆蛋放入料理盆，並立刻放入流動冷水中冷卻，就能完成溏心蛋。

④取出全熟水煮蛋

水滾經過12分鐘後，再取出另1顆蛋，並立刻放入流動冷水中冷卻，就能做成全熟水煮蛋。

⑤剝殼

等蛋充分冷卻後，就能夠剝去蛋殼，切半確認水煮程度了。各位是否都成功做出溏心蛋及全熟水煮蛋了呢？

　完成的水煮蛋可以放入沙拉裡，也可以撒鹽直接享用。

③挑戰溫泉蛋

蛋會從接觸熱水的部分開始傳熱，因此蛋白最先受熱。若加熱時間短的話，就會是只有蛋白凝固的溏心蛋；充分加熱的話，則是連蛋黃也完全凝固的全熟水煮蛋。

不過，所謂的「溫泉蛋」卻和溏心蛋相反，是只有裡頭的蛋黃凝固，外圍蛋白滑嫩的水煮蛋。

怎樣才能做出溫泉蛋呢？是需要用什麼特別加熱方法，只加熱蛋中間嗎？還是分開蛋白及蛋黃各自加熱呢？不，都不是。溫泉蛋是利用蛋白與蛋黃的某種「差異」製作而成的。

蛋白與蛋黃除了外觀顏色不同外，吃起來的口感也不一樣。生蛋白很軟Q，蛋黃則很濃稠。這是因為蛋白與蛋黃內含的成分不同。

無論是各自含有多少水分及油分，擁有什麼種類的維生素及蛋白質，蛋白與蛋黃可是存在相當多的差異。

接著要向各位說明20～21頁提到的「蛋會凝固與蛋白質變化有關」，以及「蛋白質存在許多形狀及種類」。

分別存在於蛋白及蛋黃中的蛋白質除了種類不同，凝固溫度也不同。

蛋白大約在58℃時就會開始逐漸出現凝固反應，來到60～65℃時，就會呈現柔軟的果凍狀態。但是這個階段的蛋白尚未完全凝固，等溫度來到70～80℃時，才會完全凝固。

這是因為蛋白中同時存在低溫就會凝固的蛋白質，以及必須高溫才能凝固的蛋白質。反觀，蛋黃只要溫度達65℃左右就會開始凝固，68～70℃時便幾乎呈凝固狀態。

這麼看來，蛋黃完全凝固的溫度比蛋白還要低，只要讓溫度維持在65～70℃，蛋黃會凝固、蛋白卻不會凝固的溫度慢慢加熱，就能做出只有蛋黃凝固的溫泉蛋了。

做做看❹ 溫泉蛋

■材料
- 蛋……1顆
- 滾沸的熱水……適量

■準備用具
- 附蓋子的湯碗（沒有蓋子時可以盤子代替）

■做法

①前置作業
先將蛋從冰箱拿出退冰，放置於室溫20～30分鐘。

②倒入熱水
將蛋放入湯碗中，從湯碗邊緣慢慢地倒入大量滾沸的熱水（記住不可直接淋在蛋上）。容器及蛋吸熱後，熱水溫度會降至70℃左右。

③保溫30分鐘
蓋上蓋子，靜置30分鐘後即可完成。

還有這種方法……
電子鍋保溫模式設定的溫度大約都會維持在70℃，因此只要將熱水及蛋放入保溫模式的電子鍋中，同樣能做出溫泉蛋。

①放入蛋及熱水

將蛋放入電子鍋內鍋中，接著倒入熱水，高度到3杯米的水線，接著再倒入常溫水，讓高度到4杯米的水線（經過一段時間後，內鍋與蛋會把水的熱吸收掉，使水溫降至70℃左右。不過內鍋的材質與大小也會有影響，因此可使用溫度計量測，讓結果更準確）。

②保溫

蓋上蓋子，設定保溫模式後，便可靜置片刻。30分鐘後將蛋取出，以冷水冷卻後即可完成。

調查看看2

水煮蛋時，為什麼要在熱水中加入鹽或醋？（提示與解說請參照163頁）

調查看看3

立刻將用水煮過後的蛋放入冷水中有兩個理由：第一是為了更容易剝蛋殼，第二則是為了避免蛋黃變黑。為什麼立刻放入冷水既能讓蛋殼更好剝，又能預防變色呢？（提示與解說請參照163頁）

實驗看看3 加熱水煮蛋的溫度及時間

加熱溫度及時間不同，將能做出各式各樣的水煮蛋。讓我們來調整溫度及時間試做看看吧。

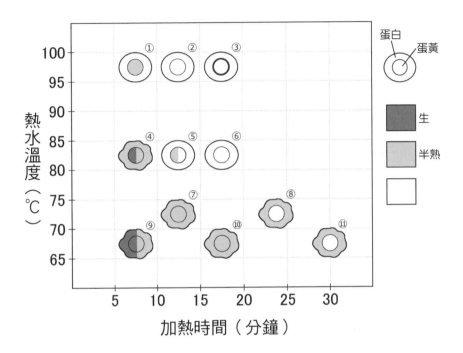

①蛋白凝固、蛋黃半熟（做做看③的溏心蛋）

②蛋白、蛋黃皆凝固（做做看③的全熟水煮蛋）

③蛋黃四周甚至變黑（煮沸後15～20分鐘）

④蛋白半熟、蛋黃介於半熟與生蛋間

⑤蛋白凝固、蛋黃幾乎凝固但中間為半熟

⑥蛋白、蛋黃皆凝固

⑦蛋白、蛋黃皆半熟

⑧蛋白半熟、蛋黃凝固

⑨蛋白、蛋黃皆半生

⑩蛋白、蛋黃皆半熟

⑪蛋白半熟、蛋黃凝固（做做看④的溫泉蛋）

出處《烹調與理論》（山崎清子等著　同文書院）

2.軟Q滑嫩蛋料理

①做布丁

布丁及茶碗蒸都是用蛋做成。

布丁是將打散的蛋液加入牛奶及砂糖，再以香草精增添香氣。接著與焦糖一起倒入容器中，用蒸鍋悶蒸，或用烤箱悶烤的方式製作。

茶碗蒸則是於打散的蛋液加入高湯，並以鹽或醬油調味，接著和雞肉、蝦子等食材一同倒入容器中，並用蒸鍋悶蒸即可完成。

與其他蛋料理一樣，布丁及茶碗蒸也是利用蛋白質加熱會凝固的特性製成，不過因為加了牛奶或高湯稀釋的關係，讓完成品比只使用蛋時更加滑嫩。茶碗蒸與布丁會那麼好吃，就是因為它們本身既軟Q又滑順的口感。

其實要做出既軟Q又滑順的口感是有些訣竅的。若只是直接用蒸鍋蒸布丁或茶碗蒸，不僅吃起來硬邦邦，表面及內部還會形成氣孔，無論視覺或口感表現都很差，嘗起來可說不怎麼美味。

想要做出好吃的茶碗蒸或布丁，關鍵在於蒸鍋鍋蓋要留點縫隙。建議可在蒸鍋與鍋蓋間夾一支料理筷。

只要這個簡單步驟，茶碗蒸與布丁就能擁有像店家賣的滑嫩口感及外觀。

會有這樣的差異，全都是因為蒸鍋中的溫度。

水加熱後，會在100℃時沸騰並變成水蒸氣。當水蒸氣充滿整個蒸鍋時，接近100℃的溫度便能溫熱食物。但是100℃對茶碗蒸或布丁而言，溫度稍微過高。

當蒸鍋內溫度愈高，茶碗蒸或布丁裡的溫度也就會更快變高，使蛋的蛋白質急速凝固。

不僅如此，一旦呈現高溫時，蛋內的空氣會開始膨脹，水分轉變為水蒸氣，形成小小的氣泡。因為蛋快速凝固，使這些氣泡來不及逃脫，就會留下一顆一顆的氣孔，導致口感變差。

另一方面，蛋其實只要溫度達80℃便能充分凝固，在100℃蒸鍋裡悶蒸的話，溫度卻會攀升到接近90℃。蛋裡的蛋白質在愈高溫的情況下會變愈硬，因此這也是讓口感變差的原因。

只要將蒸鍋與鍋蓋稍微留個縫隙，外頭的空氣便能流入蒸鍋，讓蒸鍋內的溫度稍微下降，來到85～90℃左右。以這樣的溫度慢慢

加熱，就能將蛋的溫度拉到80℃左右。這樣的溫度除了不容易產生氣泡外，還能讓蛋凝固且不至於太硬。

各位也可選擇用烤箱蒸烤料理。將裝有布丁蛋液的容器擺放在鐵製方盤或深度較深的料理盤中，於盤內倒入熱水，並放入預熱150～160℃的烤箱。

各位或許會覺得烤箱的溫度比蒸鍋加熱溫度高出許多，由於烤箱內呈乾燥狀態，因此傳熱方式較緩慢。在這樣的環境下加熱30分鐘，蛋的溫度才有辦法來到80℃，凝固的程度也恰到好處。

做做看❺　焦糖布丁

■材料（2份）

■焦糖材料
・砂糖……1大匙
・水……1小匙+1大匙

■布丁材料
・蛋（M號）……1顆
・牛奶……120mL
・砂糖……2大匙
・香草精……1滴

■準備用具
・布丁容器（或小杯子）……2個
・小鍋子
・蒸鍋
・鍋鏟
・溼抹布

- 打蛋器
- 料理盆
- 料理筷
- 濾茶網（非必備品）

■做法

①製作焦糖

於小鍋子加入1大匙砂糖及1小匙水，以鍋鏟邊攪拌邊慢慢加熱。當變成褐色，開始冒白泡時，再加入1大匙水，接著熄火（有時加水後會聽見「滋」的一聲，接著噴出焦糖，因此要注意別被燙傷了）。立刻將鍋子放在溼抹布上冷卻，在尚未凝固前，於2個布丁容器中倒入各半的焦糖。

②製作布丁液

於料理盆中將蛋打散，加入牛奶並以打蛋器攪拌混合。加入砂糖及香草精，輕輕地以打蛋器充分攪拌，注意不可起泡，直到砂糖溶解為止。

③將布丁液倒入容器

將布丁液分別倒入容器中，搭配使用濾茶網的話，將能增加布丁的滑嫩口感。

④熱蒸

於蒸鍋倒入水並加熱，待水沸騰，出現蒸氣時，擺入③的容器。
為了避免溫度過高，記得在鍋蓋與蒸鍋間夾入1支料理筷，以小火慢慢悶蒸。熱蒸15分鐘後，熄火並拿走料理筷，讓布丁在蓋上鍋蓋的狀態下冷卻。

⑤冷卻

當布丁放冷後，便可從蒸鍋中取出，並放入冰箱冷藏2～3小時，即大功告成。

■烤箱加熱法

烤箱預熱至150～160℃。將③擺入鐵製方盤或深度較深的料理盤中，於盤內倒入熱水，並放入烤箱蒸烤30分鐘左右。

完成加熱後，以和蒸鍋製作的方式一樣，先讓布丁降溫後，再放入冰箱冷藏。

②砂糖多寡能改變布丁滑嫩程度

影響布丁口感的不只有加熱方式，砂糖的使用量也會改變布丁的軟硬程度。

砂糖能夠預防蛋中的蛋白質凝固。21頁也有提到，蛋加熱後，折疊狀態的蛋白質鎖鏈會解開，變成像線一樣，交織成網子形狀。然而，解開的蛋白質鎖鏈一旦遇到砂糖，砂糖就會阻撓蛋白質交織成網，讓蛋白質無法順利凝固。

一般而言，布丁所含的砂糖量為10～15%左右，一旦含量超過30%，布丁就會變得又稠又糊且不易凝固。反觀，若完全不添加砂糖，布丁則會變得硬邦邦。

於布丁淋上焦糖不只是為了增添微苦風味及香氣，同時也能補強甜味。加入過多砂糖會使布丁不容易凝固，因此將布丁本身的砂糖量控制在10～15%，接著再以焦糖提升甜味。

實驗看看 ④ 調整砂糖用量後，布丁會有什麼變化？

讓我們試做看看不同砂糖用量的布丁吧。

■材料

- 蛋（M號）……3顆
- 牛奶……360mL
- 砂糖……100g
- 香草精……3滴

■準備用具

- 布丁容器（或小杯子）……5個
- 打蛋器
- 料理盆
- 濾茶網（非必備品）
- 料理秤

■做法

①混合蛋與牛奶

於料理盆中打散蛋，加入牛奶及香草精，並以打蛋器攪拌混合，以濾茶網過濾，讓汁液更滑順。接著用料理秤分別取100g、90g、80g、70g、60g的份量。

②量秤砂糖

分別秤取10g、20g、30g、40g砂糖。

③製作布丁液

參考下頁表格，於混合蛋與牛奶的汁液中加入砂糖，製作布丁液。若要使用打蛋器時，建議可依照❶至❺的順序製作。

④將布丁液倒入容器中

充分攪拌直到砂糖溶解，並將布丁液倒入容器。接著再以平常的方式蒸布丁。

	❶砂糖 0%	❷砂糖 10%	❸砂糖 20%	❹砂糖 30%	❺砂糖 40%
蛋＋牛奶	100g	90g	80g	70g	60g
砂糖	0g	10g	20g	30g	40g

　　40%砂糖的布丁非常甜，試過味道後，建議和0%砂糖的布丁一起食用，也推薦各位拿來抹在吐司上品嘗。

　　此外，若有多餘蛋液，也可以100g蛋液加1大匙砂糖的比例，和其他實驗布丁一起入鍋熱蒸，也會是非常美味的布丁。

調查看看4

　　焦糖放入容器冷卻後，雖然會變硬，但熱蒸之後卻又會再次溶解變成液狀。可是為什麼溶解的焦糖不會和布丁液混在一起呢？（提示與解說請參照164頁）

第 **3** 章

牛奶大變身!?

1.牛奶的成分

　　起司、奶油、鮮奶油、優格等乳製品的原料都是牛奶（有時也會使用山羊奶、綿羊奶等非牛奶的動物奶）。各位是否知道這些乳製品如何製成？本章將來談談乳製品的做法，以及製作過程中牛奶成分又會出現怎樣的變化。當中也有能在家中廚房輕鬆嘗試的內容，各位不妨實際動手做做看。

　　牛奶主要成分是水，當中含有名為蛋白質、乳脂肪、乳糖的成分。我們在第2章已經談論過蛋白質，蛋白質是身體組成的成分，存在的類型也相當多元。乳脂肪是指牛奶中所含的脂肪。乳糖則很像砂糖，是帶些許甜味的成分。

2.牛奶脂肪

①鮮奶油

　　牛奶的脂肪與其他油類一樣，無法溶於水。油和水的關係很差，就算勉強將兩者攪拌混合，經過一段時間後，還是會完全分離。

　　不過，牛奶的油分顆粒小，還有特殊膜體包覆，因此能夠漂浮在水中。這和13～14頁說明過的美乃滋結構相同。

話雖如此，牛奶的油分充其量就是以小顆粒狀態漂浮在水中，並沒有完全溶解於水。

因此只要施加名為「離心力」的力量，就能區分成油分較多及油分較少兩部分。將油分較多的部分取出後，就是鮮奶油。

②奶油

油分顆粒只要小到一定程度，就能漂浮在水中。不過，當這些顆粒相黏且愈變愈大時，就會開始無法漂浮，並分離形成油塊。

充分搖晃鮮奶油後，包覆著油分顆粒的膜體會破掉，讓顆粒相黏在一起，愈變愈大的油分顆粒就會形成奶油粒，將這些奶油粒搓揉後，就能製作成奶油。

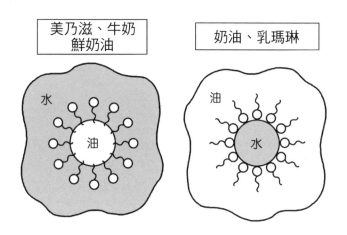

【冷知識】「油」與「脂」

　　沙拉油或麻油等常溫狀態下呈現液體狀的稱為「油」，奶油或乳瑪琳等常溫狀態下呈現固體狀的稱為「脂」。兩者的日文都念做「あぶら」（a bu ra），合起來就是「油脂」。

做做看❻　奶油

■材料

- 鮮奶油（動物性，乳脂肪含量須超過40%）……200mL

（※乳脂肪含量愈多，愈容易製作）

- 水……200mL
- 鹽……1/4小匙

■準備用具

- 栓蓋式密封容器（容量超過500mL）

（亦可使用500mL寶特瓶代替）

- 鍋鏟
- 料理盆

■前置作業

將鮮奶油與水放入冰箱充分冷藏。

■做法

①搖晃鮮奶油

將鮮奶油放入容器中，確實蓋緊蓋子。接著用力上下搖晃20分鐘左右（鮮奶油溫度變高的話，會無法順利製成奶油，因此須特別注意。可用毛巾包住容器後再握持搖晃，這樣手的溫度較不容易傳熱，較不會讓鮮奶油溫度變高）。

②鮮奶油起變化

剛開始會發出搖晃黏稠液體時的聲音，但經過5分鐘後，會逐漸聽不

到起泡時的聲音。再接著搖晃10～15分鐘左右，就會變成像是搖晃水的聲音。當水聲愈變愈大，已確定充分分離時，即可停止搖晃作業。

③倒出酪乳

慢慢地將液體從容器中倒出，倒出時須注意別讓奶油團塊一同流出。這些液體稱為酪乳，裡頭充滿營養，建議留下使用不要丟棄。各位可直接喝掉，也可用來製作鬆餅等點心。

④清洗奶油團塊

將冰水倒入容器中，快速清洗奶油團塊。接著將水倒掉，倒掉時須注意別讓奶油團塊一同流出。

⑤搓揉奶油

將奶油團塊放入料理盆中，並用鍋鏟輾壓，將剩餘水分壓出。接著再加鹽輾壓，充分攪拌後即可完成。

※沒有密封容器時，也可使用500mL的寶特瓶。要取出奶油團塊時，可先用小刀於寶特瓶切一道縫隙後，再以剪刀剪開。不好作業時，須請大人協助，別剪傷自己的手指。

　　完成後的奶油可直接抹在吐司或蘇打餅上，也可添加蜂蜜、堅果或葡萄乾混合後品嘗，會非常美味喔。

還可以做成……

・堅果奶油：

　　奶油（200mL的鮮奶油份量）＋堅果（30g，切成粗末）

・葡萄乾奶油：

　　奶油（200mL的鮮奶油份量）＋葡萄乾（30g，也可換成水果乾）

3.牛奶的酪蛋白

①優格

　　漂浮在牛奶裡不會溶解的成分不只有油。牛奶所含的蛋白質中，有種名為「酪蛋白」的物質，數個酪蛋白聚集後會形成小團粒，漂浮水中且不會溶解。油分團粒集結凝固後會變成奶油，但酪蛋白的團粒集結凝固後會變成起司或優格。

　　在牛奶中加入酸就能收集酪蛋白。這是因為酪蛋白呈酸性時，會彼此聚集在一起。

　　利用這個特性製成的食品之一就是優格。優格是透過一種名為乳酸菌的菌種製成的發酵食品。乳酸菌能將牛奶中所含的乳糖作為養分，製造出名為「乳酸」的物質，而乳酸能讓酪蛋白彼此緊靠凝固。起司除了需要能製造乳酸的乳酸菌幫助外，還必須添加能夠讓酪蛋白凝固的酵素。

②起司

　　但是，如果想要藉由乳酸菌的力量讓牛奶凝固的話，就必須準備乳酸菌，以及能讓乳酸菌增加的最佳條件，要在家中具備這些條件其實有點麻煩。此外，若準備時不夠謹慎，牛奶還可能會因為其他菌種影響導致腐敗。

這裡要跟各位分享一個輕鬆做起司的方法。那就是用檸檬汁或醋製作茅屋起司。檸檬及醋分別含有名為檸檬酸及醋酸的成分，加入牛奶後，就能讓牛奶凝固成黏稠狀。

做做看❼　茅屋起司

■**材料**（約 **60g** 份量）

・牛奶……250mL
・檸檬汁（或醋）……1大匙

■**準備用具**

・咖啡過濾器、濾紙（也可用濾網濾布）
・小鍋子、溫度計，或是馬克杯及微波爐

■**做法**

①**將牛奶加熱至60℃左右**

將牛奶倒入小鍋子加熱，也可倒入馬克杯以微波爐加熱。並以溫度計量測或使用能夠設定加熱溫度的微波爐，讓牛奶的溫度更接近60℃。沒有溫度計的話，則可加熱至開始冒出小泡泡，或是手指伸入牛奶中還能忍受的溫度。

②**凝固**

於加熱完的牛奶中加入檸檬汁或醋，並快速攪拌。經過一段時間後，會分離出許多白色塊狀物及顏色帶黃的水分。

③**過濾**

將②倒入裝有濾紙的咖啡過濾器（或是濾網加濾布）靜置片刻，只要滴落相當份量的水分後，即可完成。（輾壓或擰壓會讓起司變得乾巴巴，因此須耐心等待，讓水分自然滴落）。

這個做法雖然同樣能做出好吃的起司，但若各位在意檸檬汁或醋殘留的味道，則可使用濾布及濾網，以輕輕搖晃的方式清洗起司。

於濾網放入濾布，接著倒入②，當流下相當份量的水分後，再小心地將濾布包起，放入裝有水的料理盆中輕輕搖晃。接著將起司連同濾布整個從水中取出，待水分自然滴落後，即可完成。

製作茅屋起司時，分離出來的液體稱為「乳清」。乳清中含有酪蛋白以外的蛋白質、乳糖、礦物質、維生素等大量易溶於水的營養成分。直接丟棄的話太過可惜，可以先把它裝入容器中，在製作料理時使用。

以檸檬汁製作起司時，還可於乳清加入各1匙的蜂蜜及檸檬汁，充分攪拌後，就能做成美味的檸檬汁風味飲品。不僅能在夏天時冰鎮後享用，冬天時還可加溫並添加薑汁飲用，如此一來就能去除牛奶的腥味。

以醋製作起司時，則可將乳清作為滷汁，加入咖哩等味道較重的燉煮料理中。

將茅屋起司淋上蜂蜜的味道很美味外，也可撒鹽調味，抹在長棍麵包或蘇打餅上，撒在沙拉上也很不錯。

美味食譜1
水果起司沙拉

■材料
- 茅屋起司……60g（250mL牛奶的份量）
- 番茄……1顆
- 酪梨……1顆
- 鹽……少於1/2小匙
- 檸檬汁……少於1小匙

■做法
①切酪梨
將酪梨切半並取出酪梨籽，剝皮後，切成1cm的方塊。
立刻灑上檸檬汁（預防變色）。
②切番茄
去除番茄蒂頭，切成1cm的方塊。
撒點鹽輕輕拌勻。
③混合
將酪梨、番茄、茅屋起司輕輕拌勻後，即可完成。

實 驗 看 看 ⑤ 比較看看茅屋起司

依照使用酸的種類、份量及牛奶加熱溫度，會改變起司團粒的大小、硬度及口感。

這次介紹的是最一般的做法，各位也可以改變下述條件，製作各種茅屋起司來比較看看。

· 酸的種類：檸檬汁、醋等。

· 酸的用量：250mL牛奶對應的用量為1小匙、2小匙、1大匙、1又1/3大匙……。

· 牛奶加熱溫度：45℃、60℃、75℃、90℃……。

將牛奶加入搗碎的草莓製作草莓牛奶時，部分牛奶有時會凝固成黏稠狀，這也是因為牛奶中的酪蛋白遇酸後，出現的凝固現象。草莓所含的檸檬酸等成分使酪蛋白聚集並凝固。其他像是蘋果、桃子、檸檬、鳳梨等水果也能讓牛奶凝固。

做做看 ⑧ 簡單的草莓牛奶

■材料（1人份）

· 草莓……70g左右

· 牛奶……150mL

· 砂糖……1～2小匙

■準備用具

· 容器

· 叉子

■做法

去除草莓蒂頭後，放入容器中以叉子壓碎。

壓碎的差不多後，倒入牛奶及砂糖，充分攪拌後即可完成。

第4章

會變色的有趣食物

1.色素

決定食物是否好吃的不是只有味道及氣味。食物的外觀也能提振食慾，或是讓食物看起來更美味。

本章會把重點放在食物外觀，特別是「顏色」表現上。

食物的顏色繽紛，有紅色、紫色、綠色、橘色、咖啡色、白色等。不同食物帶有的色素，會決定食物呈現什麼顏色。

當紅色色素較多時，就會呈現紅色；綠色色素含量較多時，就會呈現綠色。即便是相同種類的蔬菜，只要內含的色素種類不同，看起來就會差異很大。

舉例來說，牛番茄或小番茄除了紅色外，還有黃色、紫色、綠色等非常多種顏色。最近無論是在超市的蔬菜販賣區，或是外面的蔬果店，都能常看到這些色彩繽紛的番茄。一般而言，番茄在還沒熟的時候是綠色。變熟時，就會大量產生一種名為茄紅素的色素，讓番茄變得紅通通。

但在所有番茄中，有些品種不會產生茄紅素。這些番茄就算變熟後，顏色也不會變紅，而是維持綠色。此外，有些番茄會產生名為花青素的色素，當花青素與原本就存在於番茄當中的紅色色素或綠色色素混合後，會讓番茄變成深紫色。

接下來，就讓我逐一向各位介紹能讓食物色彩繽紛的色素。

2.因酸／鹼造成的變色

①紫色色素「花青素」

　　首先要來介紹名為花青素的紫色色素。茄子的皮、紫高麗菜、草莓或藍莓等莓果類、葡萄、紫洋蔥、櫻桃蘿蔔、蘘荷、紅紫蘇等都含有花青素。

　　這個色素在中性環境時雖然會呈現紫色，但遇酸後，會變成偏紅的顏色，遇鹼則會變化成藍色或綠色。

　　將茄子皮或紫高麗菜溶出的花青素汁液加入檸檬汁或醋，使汁液呈現酸性時，會變成粉紅色。若是加入小蘇打粉使汁液變鹼性時，則會變成亮藍色。

　　就讓我們趕快來確認顏色的變化吧。

做做看❾ 　**花青素汁液**

■材料
・紫高麗菜……1片
・熱水……100mL

■準備用具
・菜刀
・砧板
・耐熱容器
・濾茶器或濾網

■做法

①切紫高麗菜

用菜刀將紫高麗菜細切，接著放入耐熱容器中。

②淋熱水

淋下熱水後，熱水會變成藍紫色，放置5分鐘左右後，輕輕攪拌，再以濾茶器或濾網濾出高麗菜汁液即可完成。

可以1根的茄子皮或1撮紅紫蘇代替，同樣能取得汁液。

使用葡萄汁更簡單

與紫高麗菜或茄子皮相比，葡萄汁的顏色雖然較深較難觀察，但材料準備上卻很簡單。

- 100％葡萄汁……2大匙
- 水……4大匙

混合葡萄汁與水後即可完成。

實驗看看 ⑥ 確認花青素汁液的顏色變化

■準備用具

- 花青素汁液……90mL
- 透明杯（塑膠杯等）……3個
- 小湯匙……3支
- 水
- 醋
- 小蘇打水（將少量的小蘇打溶於水中）
- 白紙

■做法

①**分裝花青素汁液**

於3個杯子分別倒入2大匙的花青素汁液。

②**確認顏色變化**

於3個杯子中分別加入1茶匙的小蘇打水、水、醋（湯匙不可混用）。

將杯子放在白紙上，就能看出顏色差異。

　　看出每一杯的顏色變化了嗎？加水後的花青素汁液仍維持中性，顏色幾乎沒有改變。

　　添加小蘇打水的汁液則呈現鹼性，顏色也跟著變得有點藍。添加醋的汁液呈現酸性，顏色則變得有點紅。

實 驗 看 看 ⑦　查查看是酸性還是鹼性

　　利用花青素汁液顏色會起變化的特性，來觀察看看身邊物品的酸鹼性。

・**廚房有的**……檸檬汁、洗碗精、汽水、蛋白、美乃滋。

・**家中有的**……化妝水、洗髮精、洗衣精、蚊蟲咬傷用藥。

・**室外有的**……河水、雨水。

　　方法與「實驗看看⑥」的「確認花青素汁液的顏色變化」相同。先將花青素汁液分裝於透明杯中，接著加入少量想確認的物品。

　　花青素顏色變化的特性其實除了實驗外，也很常見於料理中。

會連同壽司一起上桌的粉紅「薑片」，就是用新鮮嫩薑以甜醋醃漬而成。夏天出產的嫩薑是所有薑當中最多汁的種類，顏色呈現淡奶油色。雖然顏色不像茄子或紫高麗菜那麼深，但嫩薑同樣含有花青素色素，因此浸泡到甜醋裡面後，就會呈現酸性，變成淡淡的粉紅色。

醃梅子的紅色也是花青素的顏色。醃梅子是將梅子果實撒鹽後，和紅紫蘇一同浸漬製成的。紅紫蘇滲出的汁液原本是深紫色，但受到梅子本身含有的檸檬酸影響呈現酸性，因此變成鮮豔的紅色。

此外，紫高麗菜、紫洋蔥或櫻桃蘿蔔浸在甜醋裡的話，也會變成鮮紅色，加在沙拉裡，或是做為肉類料理的佐菜，都能讓顏色顯得更加繽紛。

做做看⑩　醋漬紫高麗菜

■材料（2人份）
- 紫高麗菜……100g
- ＊醋……2大匙
- ＊砂糖……1大匙
- ＊鹽……1/4小匙
- ＊胡椒……少許

■準備用具
- 菜刀
- 砧板

- 鍋子
- 濾網
- 料理盒

■做法

①製作甜醋

將＊記號的材料全部放入料理盆中並充分混合，製成甜醋。

②切紫高麗菜

將紫高麗菜切成粗條狀。

③汆燙紫高麗菜

在鍋中滾沸大量熱水，放入紫高麗菜，汆燙約20秒後，以濾網撈起，並放入流動冷水中降溫，最後瀝乾水分。

④混拌

將紫高麗菜的水分捏出，接著加入甜醋。輕輕攪拌混合後，放置1小時左右即可完成。

高麗菜要入味大約須放置1小時，但只要5～10分鐘顏色就會出現變化。各位不妨觀察看看顏色隨著時間逐漸變成鮮紅色的樣子。

汆燙過高麗菜的湯汁也含有花青素，就讓我們拿這些湯汁進行「實驗看看⑦」的「查查看是酸性還是鹼性」。

醋漬紫高麗菜可以直接品嘗，也可與嫩煎雞等肉類料理一同享用，會相當清爽美味。

活用花青素的特性還能做出顏色不太一樣的鬆餅。在鬆餅麵糊中加入藍莓果醬的話，竟然能煎出綠色的鬆餅。

藍莓果醬綠鬆餅

■**材料**（3～4片）

・鬆餅粉……1袋（150～200g）

・牛奶……鬆餅粉袋上標示的用量

・藍莓果醬……1又1/2～2大匙

・檸檬汁……2大匙

・砂糖……4大匙

■**準備用具**

・可微波加熱的容器

・料理盆

・打蛋器

・湯勺

・鍋鏟

・平底鍋

・微波爐

・其他，鬆餅粉袋上列出的物品

■**做法**

①**製作檸檬糖漿**

於可微波加熱的容器中，倒入檸檬汁及砂糖，讓砂糖完全浸在檸檬汁中。無需以保鮮膜覆蓋，直接放入微波爐，以500W加熱1分鐘左右，完成後靜置放涼。

②**調配鬆餅麵糊**

依照鬆餅粉袋上指示調配麵糊。食譜又可分為同時使用蛋及牛奶的配方，或是僅使用牛奶的配方，後者做出的成品顏色會較漂亮。

③**加入藍莓果醬**

於鬆餅麵糊加入藍莓果醬並攪拌。150g鬆餅粉的藍莓果醬用量為1又1/2大匙，200g鬆餅粉的用量則約為2大匙。

④煎鬆餅

依照袋上指示煎製鬆餅。

煎鬆餅的過程中，麵糊會先從紫色變藍色，接著再從藍色變綠色。

煎好後，便可盛盤享用。

還可將部分鬆餅淋上步驟①製作的檸檬糖漿看看。

當檸檬糖漿滲入鬆餅後，鬆餅會從綠色變成淡紫色～粉紅色。

鬆餅粉中含有能讓鬆餅蓬鬆的小蘇打。

將小蘇打和水一起加熱後，會分解並產生二氧化碳，形成細小氣泡，讓鬆餅像海綿一樣蓬鬆。

當小蘇打分解後，會變成一種名為「碳酸鈉」的物質。小蘇打本身雖呈弱鹼性，但碳酸鈉卻屬較強的鹼性，因此藍莓中所含的花青素顏色會出現變化，成為綠色。

此外，這時淋上檸檬糖漿的話，檸檬所含的檸檬酸也會讓鬆餅偏向酸性，再次出現局部變色。

②色彩繽紛的炒麵

　　會因酸鹼差異出現顏色變化的不只有花青素。

　　咖哩粉中一種名為「薑黃」的香料內含黃色色素薑黃素。薑黃素從酸性變中性時呈黃色，變鹼性時則會呈紅色。

　　此外，蓮藕及花椰菜等蔬菜中，一種名為類黃酮的色素遇酸時呈白色，遇鹼時會變成淡黃色。因此在汆燙蓮藕或花椰菜時，於熱水中加點醋能讓這些蔬菜看起來更白更美。

　　麵粉中其實也含有類黃酮。烏龍麵或黃麵雖然都是將麵粉加水搓揉製成，但烏龍麵是白色，黃麵是黃色，外觀看起來可是差很多呢！

　　這是因為用來讓麵糰延展性更好的添加材料不同。烏龍麵除了有麵粉及水外，還添加了鹽。油麵則是添加名為「鹼水」的鹼性液體。因此麵粉裡的類黃酮遇鹼後，就會變成黃色。

　　各位回想一下前幾頁有提到的內容。紫高麗菜內含的花青素遇酸會變成紅色，遇鹼會變成藍色或綠色。咖哩粉內含的薑黃素遇鹼則是會變成紅色。

　　若是這樣，因「鹼水」呈鹼性的油麵在加入紫高麗菜或咖哩粉後，會變什麼顏色呢？在這裡向各位介紹顏色變化如魔術般的驚奇料理。可以做為中餐或點心品嘗喔。

做做看⑫　會變色的繽紛炒麵① 咖哩&伍斯特醬口味

■材料（1 人份）

- 油麵等黃麵（原料欄中寫有「鹼水」的麵類）……1球
- 咖哩粉（薑黃亦可）……約1/2小匙
- 伍斯特醬……1大匙
- 炒麵食材（豬肉、洋蔥等）……適量
- 食鹽、胡椒……少許
- 水……50ml
- 沙拉油……1小匙

■準備用具

- 平底鍋
- 料理筷

■做法

①熱炒食材

於平底鍋倒入沙拉油加熱，烹炒炒麵食材。炒熟後，加點食鹽及胡椒調味，並取出備用。

②撥鬆麵條

於同一平底鍋放入麵條，開火並加入水。以料理筷邊撥鬆、邊拌炒麵條的方式，直到水分收乾。

③加入咖哩粉

麵條撥鬆後，將火候轉小，並加入咖哩粉拌勻。

這時，麵條內含的鹼水會讓咖哩粉變成紅色。

④調味

接著再滴入數滴伍斯特醬看看。由於伍斯特醬內含醋的成分，因此沾到醬汁的部分會呈酸性，使顏色由紅色變回原本的黃色。

將①的食材與剩餘的伍斯特醬加入平底鍋充分拌炒後，即可完成。

　　步驟④中，若以1小匙的雞湯粉代替伍斯特醬調味，那麼就會是維持紅色的咖哩炒麵。

※雞湯屬中性，不會產生顏色變化，是用來調味料理。

做做看⑬　會變色的繽紛炒麵②鹽味

■材料（1 人份）

- 油麵等黃麵（原料欄中寫有「鹼水」的麵類）……1球
- 紫高麗菜……70g（切塊備用）
- 炒麵食材（豬肉、洋蔥等）……適量
- 食鹽、胡椒……少許
- 雞湯粉……1又1/2小匙
- 水……75ml
- 沙拉油……1小匙
- 檸檬汁……少許

■準備用具

- 平底鍋
- 料理筷

■做法

①熱炒食材

於平底鍋倒入沙拉油加熱，烹炒炒麵食材。炒熟後，加點食鹽及胡椒調味，並取出備用。

②汆燙紫高麗菜

同一平底鍋倒水加熱，水滾後加入紫高麗菜。

③加入麵條

紫高麗菜變軟，水變成紫色後，加入麵條。

以料理筷邊撥鬆、邊拌炒麵條的方式，直到水分收乾。

這時，麵條內含的鹼水會讓紫高麗菜的色素變成綠色，將麵條染綠。

④調味

將①的食材與雞粉加入平底鍋充分拌炒後，即可完成。

此外，若取出一些變成綠色的炒麵，並淋上檸檬汁的話，沾有檸檬汁的麵條會因呈酸性，顏色轉為淡淡的粉紅色。

3.橘色或紅色的「類胡蘿蔔素」

①胡蘿蔔與番茄的「胡蘿蔔素」、「番茄紅素」

胡蘿蔔因為有胡蘿蔔素所以呈橘色，番茄則因為有番茄紅素所以呈紅色，這兩者都被歸類於類胡蘿蔔素。

類胡蘿蔔素色素與花青素不同，不容易受到酸或鹼的影響，因此添加調味料或燉煮烘烤都不太會變色。

②為什麼蝦子與螃蟹會變紅？

內含類胡蘿蔔素的可不只有蔬菜，蝦子與螃蟹體內一種名為「蝦青素」（astaxanthin）的紅色色素也屬於類胡蘿蔔素。

各位是否看過活跳跳的蝦子或螃蟹？沒看過的人不妨親自前往賣魚店或水族館看看。雖然種類不同，顏色也會有點差異，但一般而言，生蝦子或生螃蟹是灰色或咖啡色等相當樸實的顏色。舉例來說，超市的海鮮區常常能看見一種名為草蝦（Black tiger）的蝦子，這種蝦和牠的英文名一樣，身上是帶藍的黑色。不過，經過汆燙或燒烤加熱後，顏色卻會逐漸變成鮮豔的紅色。

蝦青素原本是呈鮮艷紅色的色素，但在生蝦子或生螃蟹體內與蛋白質結合，使得顏色看起來黑中帶藍。

然而，蛋白質不耐熱，經汆燙或燒烤加熱後，蛋白質會遭破壞，並與蝦青素分離。如此一來，蝦青素就會變回原本的紅色。

　　另外，蝦青素加熱後，會與空氣中的氧結合，轉變成名為蝦紅素（astacin）的成分，同樣呈現漂亮的紅色。

　　除了蝦子螃蟹外，蝦青素也存在於鮭魚、鮭魚卵、鯛魚種類的海鮮中。鮭魚及鯛魚體內的蝦青素並沒有和蛋白質結合在一起，因此這些魚本身的顏色就是橘色或粉紅色。

調查看看5

　　只有植物和一部分的細菌才能夠自行製造類胡蘿蔔素，蝦子和螃蟹其實無法自行產出蝦青素。那麼，為什麼蝦子和螃蟹體內會含有大量的蝦青素呢？（提示與解說請參照165頁）

4.肉的紅色

①血液與肌肉

　　生肉雖然也是紅色或粉紅色，但這不是因為生肉含有類胡蘿蔔素。肉的顏色是來自名為「血紅素」和「肌紅蛋白」的紅色色素。

　　這些色素負責將氧氣運送到動物體內。無論是對牛、豬，當然還有人類，氧氣可是動物身體順暢運作絕對需要的成分。

　　我們透過吸氣將氧氣帶入體內，再隨著血液運送至全身。由於血液中含有血紅素，因此會負責帶著氧氣穿梭在體內血管。

　　另一方面，肌紅蛋白是肌肉含有的色素，在接收了血紅素送來的氧氣後，接著傳送至肌肉的每個角落。血紅素負責血液，肌紅蛋白負責肌肉，兩者可是各司其職呢。

　　當手不小心被刀子劃傷、跌倒膝蓋擦傷時，會流出紅色的血。血的紅色主要是來自血紅素。

　　然而，肉屬於動物的肌肉部分，因此肉的紅色是來自肌紅蛋白。像牛肉或馬肉的肌紅蛋白含量非常高，因此呈暗紅色；豬肉的含量相對較少，呈粉紅色；雞肉的肌紅蛋白含量比其他肉類更少，因此呈淡粉紅色。

②肉的變色

在一般人的印象中，新鮮的生肉應該是鮮艷的紅色或粉紅色，但剛切好的生肉卻是帶點紫色的暗紅色或偏咖啡色的顏色。

其實肌紅蛋白原本就是較暗的顏色，在與氧氣結合後，變成了鮮艷的紅色。因此將切肉靜置片刻，會變成漂亮的紅色。當肉的表面無法接觸到空氣時，就會釋出氧氣，再次變回暗色。

以保鮮膜緊密包覆鮮肉，或是真空包裝後，肉的表面會慢慢地變成帶咖啡色的顏色，這也是因為肌紅蛋白釋出氧氣的關係。

此外，從市售肉盒中撥開一片片重疊的薄切牛肉時，重疊的部分會呈咖啡色也是因為沒有接觸到空氣的關係。

肌紅蛋白遇熱會變成一種名為變性肌紅素（metmyochromogen）的灰褐色物質。

這是肉類經烹煮燒烤後的顏色。烹調如牛肉這類肌紅蛋白較多的肉類後，會產生大量變性肌紅素，讓肉色呈深咖啡色；烹調雞肉等肌紅蛋白含量較少的肉類時，變性肌紅素也相對較少，因此肉色偏白。

5.葉子的綠來自葉綠素

①光合作用

有很多蔬菜的顏色是綠色，如菠菜、青花椰、蘆筍、青椒等。製造這些綠色的，是一種名為「葉綠素」的色素。

除了蔬菜，葉綠素這種色素也存在於植物綠色的部分。葉綠素更是植物用來進行光合作用、製造養分維持生命非常重要的成分。

在料理中，葉綠素的鮮豔綠色能讓東西看起來更鮮豔，具有加分效果。

②會變色的主因

不過，葉綠素在遇酸或遇熱時會變色，因此須特別留意。當葉綠素浸在酸性液體中過久，或是加熱時間過長時，會變成一種名為脫鎂葉綠素（pheophytin）、黃中帶褐的成分。

舉例來說，醋是非常具代表性的酸性調味料。將萵苣等葉菜類、花椰菜或小黃瓜等綠色蔬菜淋上含醋的醬汁並靜置片刻後，沾有醬汁的部分會變成黃色。我們也要特別注意花椰菜這個便當中少不了的菜色，若沾了美乃滋後直接放入便當盒中，等到要享用時，花椰菜會受到美乃滋裡的醋影響，使顏色變黃。為了避免變色，建議各位可用其他小容器盛裝美乃滋，等到要用餐時，再拿花椰菜沾

取美乃滋享用。

酸性調味料不單只有醋、檸檬汁這些嘗起來是酸的東西，味噌和醬油其實也是弱酸性。

舉例來說，長時間將菠菜放在味噌湯裡的話，受到味噌影響，菠菜的顏色會變得很醜。若是在品嘗味噌湯之前，再將菠菜放入，就能讓菠菜呈現漂亮顏色。

③汆燙出漂亮蔬菜的方法

在汆燙豌豆莢、菠菜、花椰菜時，同樣也有汆燙出漂亮顏色的訣竅。首先，需要煮沸大量的水，再放入蔬菜。水量大約是材料的5倍重，會需要這麼大量的水有兩個理由。

第一，是要稀釋掉從蔬菜中釋出的酸。

其實蔬菜本身就存在酸的成分。這時或許會有人覺得疑惑，「如果蔬菜本身帶酸的話，那葉綠素應該會變色啊？」

但其實這裡的葉綠素並不會變色。蔬菜在新鮮狀態時，酸與葉綠素存在不同的空間，因此蔬菜內含的酸不會讓葉綠素變色。

不過，蔬菜加熱後，組織遭破壞，酸就會溶出，讓汆燙的熱水呈酸性。當酸性愈強，葉綠素就愈容易變色，因此要儘量增加汆燙時的水量，這樣才能把酸稀釋掉。

另外，蔬菜中所含的酸大部分都能夠蒸發並釋放至空氣中，因此汆燙時不蓋鍋蓋的效果會更好。

還有一個理由是為了加快汆燙速度。

將蔬菜放入滾沸的熱水時，蔬菜會吸熱，使水溫下降。水沸騰時的溫度雖然是100℃，若水量太少時，放入蔬菜瞬間的水溫有可能會降至50℃左右。這麼一來，就需要相當的時間才能再度沸騰，這過程中葉綠素可是會持續變色。

做做看⑭　正確的菠菜汆燙法

■材料
- 菠菜……1把
- 冰水……適量

■準備用具
- 鍋子
- 濾網
- 料理筷
- 料理盆

■做法

①滾沸熱水
取菠菜重量5倍的水放入鍋中加熱。
例：若菠菜重量為200g，200（g）×5（倍）＝1000g。
1g的水約為1mL，因此要準備1000mL的水。

②備妥冰水
準備好裝有冰水的料理盆。

③放入菠菜
水滾後，將菠菜梗浸入熱水中。再度沸騰後，汆燙約30秒鐘，等菜梗變軟後，再連同菜葉整個浸入熱水（菜梗煮熟所需的時間比菜葉更長，因此要先放入）。

④取出菠菜
汆燙約30秒鐘後，以料理筷將菠菜撈至濾網，接著放入冰水中冰鎮。完全變冷後，瀝乾水分，即可完成。

將汆燙好的菠菜放入冰水是為了加快菠菜的冷卻速度。剛從熱水中撈出的菠菜仍處於高溫，若放置不管的話，會讓菠菜變得太軟，葉綠素也會持續變色。

　　各位可拿取一些汆燙好的菠菜淋醋看看。
　　放置一段時間後，就能看出遇酸時的顏色變化。
　　將剩餘的菠菜涼拌享用也很不錯。
　　去除根部後，再切成5cm左右的長度，浸在市售的沾麵醬汁（濃縮類型則依包裝上指示進行稀釋）中片刻，就能完成涼拌菠菜。

第 **5** 章

無法做成果醬的
水果

各位喜歡果醬嗎？無論是抹在吐司上、淋在優格上，還是沾著鬆餅或司康品嘗都相當美味呢！

簡單來說，果醬就是以蘋果、草莓、藍莓、桃子、黑醋栗、杏桃等各種水果為材料製成。所有的水果都能製成果醬嗎？水果除外的食物也能製成果醬嗎？

本章將向各位介紹果醬如何製成，以及適合製成果醬的水果。

1.果醬如何製成

①果膠的作用

製作果醬的方法非常簡單。只要將水果與砂糖放入鍋中一起煮，就能得到水果糖漿。接著繼續將醬汁收乾，完成時加點檸檬汁，醬汁會變成柔軟的果凍狀，也就是果醬。

會出現這種變化，是因為水果中含有名為「果膠」的成分。將果膠溶入水中，添加砂糖與酸後，就會凝固成QQ的果凍狀。果醬就是利用這個特性製成。

果膠是水果、蔬菜等植物在形成時相當重要的材料。植物本身是由許多的細胞組成，每個細胞都被堅固的牆壁包圍住。

果膠就是形成這堵牆壁的材料，同時也是讓牆壁彼此黏著在一起的黏著劑。包圍著細胞的牆壁是以較粗的纖維為骨架，當中交織著大量細纖維，而果膠就是細纖維的一部分。各位可以想像一下金

屬線製成的網子上布滿細線的感覺，這些細線就是果膠。

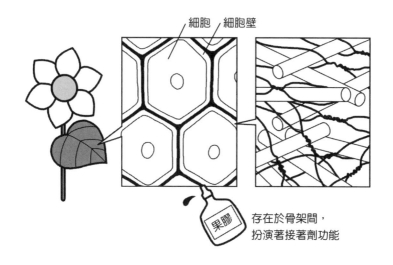

細胞　細胞壁

果膠 存在於骨架間，
扮演著接著劑功能

②加熱作用

存在於水果裡的果膠黏著性極佳，因此非常難直接溶入水中。但水果加熱後，會切斷果膠的細線，拆散原本交織在一起的狀態，並將果膠溶出水果之外。

溶至醬汁的果膠會分散在水當中，但砂糖及酸卻能幫助果膠再度彼此靠近。當醬汁水分逐漸收乾時，果膠的細線又會重新交織在一起，形成網子或海綿狀態，隙縫間還會包覆水粒子，讓果醬呈柔軟果凍狀。

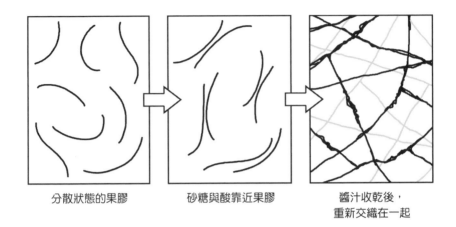

分散狀態的果膠　　　　　砂糖與酸靠近果膠　　　　醬汁收乾後，
　　　　　　　　　　　　　　　　　　　　　　重新交織在一起

【冷知識】果膠溶出後，蔬果會變軟

　　蔬果加熱後會變軟，是因為包覆細胞的牆壁溶出果膠，使牆壁結構變脆弱，牆壁彼此間的黏著力降低所造成。

做做看⑮　蘋果果醬

　　蘋果是一年四季都能取得的水果，做成果醬的難度也不高，最適合拿來製作果醬初體驗。

■材料（容易製作的份量）

・蘋果……2顆
・砂糖（建議使用細砂糖）……用量參照做法②
・檸檬汁……1大匙
・水……200mL

■準備用具

・菜刀
・砧板

- 磅秤
- 鍋子（不鏽鋼鍋或琺瑯鍋，直徑約15～20cm）
- 鍋鏟

■做法

①切蘋果

將蘋果充分洗淨後，平均切成8瓣。

接著削皮，切除中間靠近籽的部分，並切成5mm厚。

完成後立刻灑檸檬汁。

②量取砂糖

以磅秤確認蘋果重量，計算需要的砂糖量。

需要的砂糖量為蘋果重量的40%，因此可用蘋果重量乘以0.4計算。

〔需要的砂糖量〕＝〔蘋果重量〕×40÷100

＝〔蘋果重量〕×0.4

例：蘋果重量若是500g，就是500×0.4＝200，因此須量取200g的砂糖。

③撒入砂糖

將蘋果放入鍋中，撒入砂糖並輕輕攪拌，讓砂糖均勻附著於蘋果上。

接著直接靜置1小時左右。

④燉煮

將③的鍋中加入水並開火加熱，沸騰後轉為中火。

以鍋鏟不時攪拌，燉煮約20分鐘，須注意不可燒焦。

當水分逐漸變少，醬汁收乾得差不多時即可完成。

　　裝入瓶子或密閉容器中，待完全變涼後，存放於冰箱。想長期保存時，則須讓醬汁充分收乾，並裝入以熱水殺菌過的瓶子中。

　　和吐司或優格一同品嘗相當美味，若將包裹著果醬的冷凍派皮以微波爐或烤箱烘烤，就能輕鬆製成蘋果派。

【冷知識】如何選擇鍋具

製作果醬時，須使用耐酸材質（不鏽鋼或琺瑯）的鍋具。若使用鋁鍋或鐵鍋，酸會對金屬起作用，使金屬溶入果醬中，會讓鍋子或果醬變色。

此外，建議使用直徑較大的鍋具，讓水分能夠快速蒸發。若是300～500g的水果量，可選擇直徑約15～20cm的鍋具。當烹煮時間愈長，香味及顏色表現就會愈差。因此使用較大的鍋具，以中火迅速烹煮，才能保留水果的新鮮風味。

【冷知識】撒糖後靜置片刻

將切好的水果撒點砂糖，這時水果受到「滲透壓」現象的影響，會滲出水分。

也因為這樣，在烹煮水果時就不需要加水，且能在短時間內收乾醬汁。果膠經長時間加熱後會分解變短，相對地就較難交織網目，因此用這種方法縮短烹煮時間將能讓果醬更順利凝固。

調查看看6

切開的蘋果為什麼要立刻灑上檸檬汁呢？（提示與解說請參照165頁）

2.精準掌握關火時間的方法

①關火的時間點

「做做看⑮」的「蘋果果醬」食譜中，有寫到「醬汁收乾得差不多時即可完成」，但到底怎樣才叫「醬汁收乾得差不多」呢？果醬是利用果膠讓糖與酸起作用製成，因此當這三個要素比例剛好時，就能讓果醬順利凝固。其中，可以用糖來判斷醬汁收乾的程度。

②糖的多寡

當果醬醬汁收得愈乾，糖的比例就會愈高，但糖的比例可是會改變果醬的味道及是否能順利凝固。首先，糖分愈高，味道就愈甜；糖分愈少，味道就愈清爽。此外，糖分比例也會影響果醬的硬度。果醬最硬的糖分比例大約是65%，無論是高於65%或少於65%，都會讓果醬不夠濃稠且變得很稀。

在過去，製作果醬時多半會將糖分比例抓在65%，但現在店家販售的果醬糖分卻是40～50%。糖分較少，雖然較不容易凝固，糖分太多的話，卻又會太甜，因此考量食用時的方便性，將糖分比例設定在50%～55%左右應該會比較剛好。

③糖使用量的調查方法

那麼，要怎樣才能知道糖分比例呢？使用一種名為糖度計的專用儀器雖然能量測出正確的糖分百分比數，但除非是果農或蛋糕店，不然應該很少有人會擁有糖度計吧。這裡要跟各位介紹使用溫度計量測糖分比例的方法，以及名為杯子測試法的方法。

若家中有能夠量測超過100℃以上的溫度計，那就用溫度計來調查看看糖分比例吧。一般而言，水加熱後會開始冒出氣泡，這個現象名為「沸騰」。水基本上會在100℃時沸騰，且溫度不會超過100℃（若在山上等海拔較高的地方，水的沸騰溫度會變得較低，這種情況必須另當別論）。

不過，若在水中溶解物質，就會讓沸騰溫度，也就是「沸點」變高，此現象名為「沸點上升」。當水中溶解的糖分愈多，沸點就愈高，糖分55%時的沸點會來到103℃，65%時則會來到104℃。

因此在煮滾果醬時，測量的溫度若有103～104℃，就代表已經收乾。

沒有溫度計時，則可試試看「杯子測試法」。各位只需準備裝有冷水的透明杯。

以湯匙取煮好的果醬，並分別滴1滴醬汁於杯中。當果醬在水面附近就立刻散去，就表示烹煮得不夠。當果醬沒有散去且持續下沉，並在接近杯底時散去，那麼這時的糖分大約是55%。若果醬整個沉到杯底，那就表示糖分已達65%以上。

55%　　65%

【冷知識】以前的果醬是保存食品

在古代，製作果醬是為了長時間保存水果。讓食物腐敗的菌類最喜歡適量的水分及營養，水果的水分豐富，並含有像是糖等大量營養，只要放置不理，就會讓菌類繁殖，造成水果腐敗。

不過，若加入大量的糖，菌類就很難生長，同時可預防食物腐敗。菌類若要生存下去，就必須有水分，這裡的糖與水分結合，因此讓菌類無水可用。

此外，菌類在酸性環境下同樣很難生長，只要充分收乾醬汁，裝在消毒過的瓶子，果醬可是能常溫保存1年，甚至超過10年。

但是，若要讓菌類不容易增加，提高保存性，糖分濃度就必須盡可能地高。

然而，目前市售果醬重視味道勝於保存性，因此糖分濃度大約都會設定在40～50％，從抑制菌類生長角度來看，這樣的濃度稍微偏低。因此建議果醬開封後放置冰箱冷藏，並儘快使用完畢。手工果醬的話，同樣建議放置冰箱，並在2週內食用完畢。

④「糖」、「酸」、「果膠」

製作果醬時，重點在於「糖」、「酸」、「果膠」的分別用量。

針對糖的部分，前面的內容中已有提到，濃度65%時果醬凝固程度會最硬，但若要同時考量味道，50%會比較剛好。水果本身含有10～20%左右的糖分，因此只要再添加砂糖烹煮，就能達到剛好的濃度。

酸的濃度建議設定0.5～1.0%，果膠則設定在0.5～1.5%左右。不過，酸與果膠的濃度沒有辦法和糖分一樣輕鬆測得，因此我們必須了解不同水果的酸與果膠含量多寡，當含量較少時，才能進行事後添加。

舉例來說，檸檬或梅子的酸及果膠含量都相當豐富，因此不用另外添加。但梨子的酸與果膠含量都很少，因此若不添加，果醬會無法凝固。

酸的話一般會使用檸檬汁。果膠的話可以從蘋果核取得，但也可使用市售果膠粉比較方便。果膠粉在超市或百貨公司的烘焙材料區都有在賣，各位可以去找找看。

・果膠含量多的水果

例如：柑橘類、蘋果、梅子、無花果、草莓、杏桃、香蕉、李子、桃子

本身就含有足夠的果膠，能製作出濃稠的果醬。

- **果膠含量尚可的水果**

  例如：葡萄、櫻桃、枇杷、莓果類

  本身含有果膠，能製作出稍微柔軟的果醬。

- **果膠含量較少的水果**

  例如：梨子、哈密瓜、西瓜

  幾乎不含果膠，因此不適合製作果醬。

  若要製成果醬，須添加果膠。

- **酸含量豐富的水果**

  例如：檸檬、梅子

  本身酸味就很強，用來製作果醬的酸含量相當足夠，因此不用添加檸檬汁。

- **酸含量尚可的水果**

  例如：草莓、杏桃、檸檬以外的柑橘類、李子

  不添加檸檬汁也能製成果醬，但加點檸檬汁補足酸味的話，會讓果醬更美味。

- **酸含量較少的水果**

  例如：香蕉、無花果、桃子、梨子、哈密瓜、西瓜、蘋果、葡萄、枇杷

  若要製成果醬，就必須添加檸檬汁，加強酸的表現。

檸檬汁除了用來凝固果醬外，還能提供適當的酸味，讓果醬味道變得柔和，達到增添美味的效果。製作檸檬及梅子果醬時，因水果本身就很酸，所以不用另外加酸。但製作其他的水果果醬時，建議每300～500g的水果添加1大匙左右的檸檬汁。

3.只有水果能做果醬？

　　只有水果才能做成果醬嗎？不是，能做果醬的不只有水果。只要具備果膠、糖、酸這三項條件，基本上任何材料都能製作成果醬。

　　舉例來說，一種名為「大黃」（rhubarb）的蔬菜富含果膠及酸，只要添加砂糖一起烹煮，就能做成果醬。大黃更是歐洲自古以來最常用來做成果醬的材料。日本的長野縣、北海道等氣候較涼的地區同樣種植有大黃。長野縣的收成季節為4月，北海道約為5月左右，5～6月更會進入盛產季，各位不妨找看看有沒有在賣大黃。

　　若要使用容易取得的蔬果，那麼建議可以試試番茄果醬。番茄的果膠含量雖然沒有大黃那麼多，但卻也夠用來製作果醬。因此只要添加砂糖烹煮，再加點檸檬汁，就能製作成稍微柔軟的果醬。至於味道的話，嘗起來倒是很像更濃郁的莓果類果醬。番茄原本就是

帶有甜味及酸味的蔬果，因此和砂糖或檸檬汁搭配都不是問題。做好的番茄果醬可與奶油起司一起抹在蘇打餅上，或是加入優格中品嚐，都會非常美味。

除了上面提到的蔬果外，各位也可添加烘焙用果膠，或是和果膠含量較多的水果搭配，製作出各種果醬。舉例來說，若想製作胡蘿蔔果醬時，可加入相同分量的蘋果，這樣就能製成濃稠度剛好的果醬。

做做看⑯　番茄果醬

■材料（容易製作的份量）
· 番茄……2顆
· 砂糖（建議使用細砂糖）……用量參照做法①
· 檸檬汁……1大匙

■準備用具
· 菜刀
· 砧板
· 磅秤
· 鍋子（不鏽鋼鍋或琺瑯鍋，直徑約15～20cm）
· 鍋鏟

- 可微波加熱的容器
- 保鮮膜
- 微波爐

■做法

①**量取砂糖**

以磅秤確認番茄重量，計算需要的砂糖量。

需要的砂糖量為番茄重量的40%，因此可用番茄重量乘以0.4計算。

〔需要的砂糖量〕＝〔番茄重量〕×40÷100

　　　　　　　　　＝〔番茄重量〕×0.4

例如：番茄重量若是500g，就是500×0.4＝200，因此須量取200g的砂糖。

②**切番茄並加熱**

洗淨番茄，對半切開，並去除蒂頭。切好後立刻放入可微波加熱的容器，蓋上保鮮膜，並放入微波爐，以500W加熱4分鐘。

③**烹煮**

將②的番茄與①的砂糖放入鍋中並開火加熱，沸騰後轉為中火。

以鍋鏟不時攪拌，燉煮時須注意不可燒焦。

當水分逐漸變少，醬汁收乾得差不多時即可完成（精準掌握關火時間的方法請參考71～73頁）。

■訣竅

- 把番茄像蘋果一樣細切並靜置片刻的話，在酵素作用下會分解出果膠。酵素不耐熱，因此可先用微波爐加熱，破壞酵素後，再將番茄壓碎烹煮。

- 番茄皮會降低果醬口感，因此可於製作過程中取出。開始烹煮前雖然是最好取皮的時機，但考量番茄皮附近的果膠含量較多，因此不妨稍微烹煮後再取出。

【冷知識】番茄醬也是果醬的同類

番茄醬與番茄風味燉煮料理能夠充滿濃稠感都要歸功於果膠。

第 **6** 章

不可思議的味覺

1.味道很重要

我們吃東西時，受到各種感覺影響，才能感受到自己在進食。

舌頭感覺味道、鼻子感覺氣味，並搭配軟硬度、口感、溫度、外觀條件，來判斷自己是否「喜歡」或「美味」。

能夠像這樣透過各種感覺品味食物是有理由的。我們為了攝取生存用的養分，就必須吃下各種食物。透過食物取得形成能量來源或打造身體的材料，以及能對身體帶來各種幫助的成分。

但同時又必須預防毒物、腐敗物等有害、危險物質進入體內，因此我們必須利用各種感覺，來判斷什麼東西能吃，什麼東西不能吃。

①為什麼會有味道？

其中負責重要功能的，是感受味道的「味覺」。我們是用什麼來感受味道呢？沒錯，就是用嘴巴，尤其會用舌頭表面來感受味道。舌頭表面有名為「味細胞」的細胞，負責感受味道。

食物中存有能感受到甜味、苦味等與各種味道相對應的物質，這些味細胞表面具備能與甜味物質或苦味物質結合的功能，當出現上述物質時，就會發出「甜的！」「苦的！」等訊號。這些訊號會透過神經傳遞至腦部，讓我們感覺「這個食物是甜的！」或「這個食物是苦的！」。

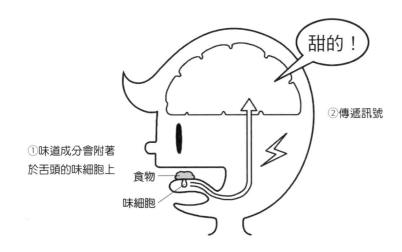

①味道成分會附著於舌頭的味細胞上

食物
味細胞

②傳遞訊號

甜的！

　為什麼我們能夠感受到味道呢？嘴巴，是食物進入體內的「入口」。除了能將可能對身體有害的東西吐出外，還會對身體下達必須多吃營養食物的指令。味覺就像是站在身體入口處的守衛，對究竟該不該吃下這個食物做出最終判斷，或是決定想不想再多吃某種食物。

②味道有5種

　食物雖然有許多味道，但無論何者經分解後，都是由「甜味、鹹味、酸味、苦味、鮮味」5種味道組合而成，這些又稱為5種基本味道。

　當中會讓人直覺覺得美味的是甜味、鹹味，以及鮮味。無論是小嬰兒或大人，這些是能讓所有人都覺得美味的味道。

2.直覺覺得美味的味道

①甜味

　　甜味，是當我們在舔砂糖時，所感受到的糖分風味。這也是人類生存時必要的營養來源指標，因此被認為是大家都喜愛的味道。

　　能感受到甜味的代表性物質被稱為「醣類」，是讓身體及腦部運作的能量來源。其中包含了砂糖主要成分的「蔗糖」，以及蜂蜜甜味的「果糖」或「葡萄糖」。

　　此外，名為胺基酸的物質雖然可分為相當多種類，但其中也包含了能感受到甜味的胺基酸。

　　舉例來說，被用來作為握壽司食材的甜蝦中，富含名為甘胺酸（glycine）的甜味胺基酸，因此帶有甜味。品嘗生花枝或螃蟹時所感受到的甜味，也都是來自胺基酸。

　　正因為甜味是營養來源的指標，使得帶有甜味的物質多半含有大量卡路里，一旦攝取過量，就可能導致肥胖。為了滿足「想要甜味，但不想要卡路里」的人，最近常看見食物中添加低熱量的人工甜味劑。

　　若發現寫著低卡路里或是零卡路里的果汁，各位不妨看看包裝說明。「成分」欄位應該會標示有「甜味劑（醋磺內酯鉀、蔗糖素）」或「甜味劑（醋磺內酯鉀、阿斯巴甜、L-苯丙胺酸化合物）」等。這裡列出的醋磺內酯鉀、蔗糖素、阿斯巴甜、L-苯丙胺

酸化合物全部都是低卡路里的人工甜味劑。

〈各種甜味物質〉

- **蔗糖（sucrose）：** 砂糖的主要成分，能從甘蔗、楓樹、甜菜中取得。
- **葡萄糖（giucose）：** 水果或蜂蜜所含的成分，還能夠分解澱粉。
- **果糖（fructose）：** 水果或蜂蜜所含的成分。
- **麥芽糖（maltose）：** 富含於水飴中，常使用於日式糕點。
- **乳糖（lactose）：** 牛奶或母乳所含的成分。

  此外還有……

- **胺基酸：** 蝦子、螃蟹、花枝中富含帶有甜味的胺基酸。
- **人造甜味劑：** 醋磺內酯鉀、蔗糖素、阿斯巴甜、L-苯丙胺酸化合物等。

②鹹味

鹹味是指食鹽，也就是鹽的味道。料理中使用的食鹽主要成分為「氯化鈉」，能夠帶給人鹹味。能夠讓人感受到鹹味的成分種類雖然相當多，但目前卻只有氯化鈉才能讓人感受到單純的鹹味。

氯化鈉帶有鹹味，卻也同時帶苦味。對於因為生病必須控制氯化鈉攝取量的人而言，一般會使用氯化鉀代替，但其實過量的氯化鉀會讓味道變差，因此會與氯化鈉混合後使用。

　　鹹味和甜味一樣，被認為是大家都喜愛的味道。不管是太甜或不夠甜，甜味基本上都有其美味，但當味道太鹹時，可是會立刻被人討厭。人體內所含的液體中，鹽分占0.9%左右，據說大約相同濃度的鹽分會讓人覺得美味。

實 驗 看 看 ⑧ 試做各種濃度的食鹽水

　　讓我們來試做各種濃度的食鹽水品嘗看看吧。

■準備用具
・食鹽
・水
・紙杯（或塑膠杯）
・攪拌器具（湯匙或筷子等）
・磅秤

■做法
①製作2.0%的食鹽水

於490g的水加入10g的食鹽，充分攪拌直到食鹽溶解。

②**製作不同濃度的食鹽水**

以稀釋2.0%食鹽水的方式，製作各種濃度的食鹽水吧。

量取水及2.0%食鹽水，倒入紙杯並充分攪拌。

❶ 0.1%食鹽水：5g的2.0%食鹽水＋95g的水　合計100g

❷ 0.3%食鹽水：15g的2.0%食鹽水＋85g的水　合計100g

❸ 0.5%食鹽水：25g的2.0%食鹽水＋75g的水　合計100g

❹ 0.7%食鹽水：35g的2.0%食鹽水＋65g的水　合計100g

❺ 0.9%食鹽水：45g的2.0%食鹽水＋55g的水　合計100g

❻ 1.1%食鹽水：55g的2.0%食鹽水＋45g的水　合計100g

❼ 1.4%食鹽水：70g的2.0%食鹽水＋30g的水　合計100g

❽ 1.7%食鹽水：85g的2.0%食鹽水＋15g的水　合計100g

※攪拌食鹽水時，建議為每種濃度的食鹽水準備不同攪拌器具，若要使用同一支攪拌器具時，則必須先從最淡的食鹽水（❶）依序攪拌。若將製作濃食鹽水的攪拌器具放入較淡的食鹽水中，可是會讓濃度出現明顯變化。

③**嚐嚐看食鹽水**

含一口水並輕輕漱口。

先從濃度低的食鹽水（❶）依序品嚐。

首先含一口0.1%食鹽水，仔細品嚐看看。

接著含一口清水漱口後，再品嚐下一杯食鹽水。

品嘗之後是什麼味道呢？是鹹味剛剛好的濃度、有點鹹的濃度、還是比起鹹味，反而是能嘗到淡淡甜味的濃度？不同濃度給人的感受差異應該不小吧。

一般而言，人們喜歡的鹹味濃度大約是0.9%左右，但受到每個人的身體狀況及平常飲食習慣的影響，對味道的感受也會隨之改變。對習慣重鹹口味的人而言，覺得鹹味較重比較美味，習慣清淡口味的人則會覺得淡淡的鹹味比較美味。

③鮮味

還有一種能讓所有人都覺得美味的味道，那就是「鮮味」。能展現鮮味的成分包含了麩胺酸鈉、肌苷酸鈉、鳥苷酸鈉等。富含蛋白質的物質中，這些成分的含量也相對較多。

蛋白質是身體組成上非常重要的材料之一，或許也因為這樣，讓鮮味被視為美味指標。

不過，鮮味較難像其他味道一樣，具體地形容出感受。古代人對這個問題似乎也非常頭痛，因為與其他味道相比，鮮味是到最近（說最近也是100年前的事了）才被認定為一種味道。在這之前，味道被認為是由其他4種味道組合而成。

鮮味成分存在於許多食物中，但各位若想更清楚知道鮮味究竟是什麼，品嘗高湯會是不錯的方法。昆布、柴魚、乾香菇的高湯富含鮮味成分。品嘗清湯時，在口中散開的味道就是「鮮味」。其他像是魚、肉、起司或番茄等，也都含有豐富鮮味。

〈富含鮮味及其成分的食品〉

主要的鮮味成分

- **麩胺酸鈉**：昆布高湯的鮮味成分。其他像是番茄等蔬菜、起司、醬油及味噌等都富含麩胺酸鈉。
- **肌苷酸鈉**：柴魚高湯的鮮味成分。肉類或魚類同樣富含肌苷酸鈉。
- **鳥苷酸鈉**：乾香菇高湯的鮮味成分。富含於菇類當中。

 **感受鮮味**

實驗 1：感受高湯的鮮味
品嘗看看昆布或柴魚高湯。

◎昆布高湯（浸水）
雖然所需時間較長，但做法非常簡單。

■材料
- 昆布（高湯用）……5g
- 水……250mL

■準備用具
- 密閉容器或瓶子

■做法
將昆布與水放入密閉容器或瓶子，置於冰箱冷藏一晚即可完成。

◎昆布高湯（保溫熱燜）
雖然比較麻煩，卻能在較短時間內取得高湯。

■材料

・昆布（高湯用）……5g

・水……250mL

■準備用具

・保溫瓶

・溫度計與鍋子（或是能設定溫度的微波爐）

■做法

①將水加熱至65～70℃。能用溫度計量測時，可將水放入鍋內加熱，待溫度來到65℃時便可熄火。另也可使用能設定溫度的微波爐，溫度須設定在65～70℃。

②將溫熱的水及昆布放入保溫瓶，並蓋緊瓶蓋。經過1小時後，取出昆布，即可完成高湯。

◎柴魚高湯

■材料

・柴魚絲……5g

・水……250mL

■準備用具

・小鍋子

・濾網

・餐巾紙

・料理盆

■做法

①將餐巾紙鋪在濾網上，並放入料理盆中。

②以小鍋子將水煮滾。

③煮滾後關火，當水不再沸騰時，倒入柴魚絲。

④經過1分鐘後，拿起鋪有餐巾紙的濾網，濾乾高湯後即可完成。

◎品嘗高湯

■準備用具

- 紙杯……3個
- 記號筆
- 昆布高湯
- 柴魚高湯
- 水

※昆布高湯及柴魚高湯也會用在「實驗看看⑫」，因此不要丟掉剩餘的高湯，留做後續實驗使用。

■做法

①於紙杯寫上「昆布高湯」、「柴魚高湯」、「水」進行區分。

②將高湯放冷到能夠飲用的溫度後，分別倒入寫有「昆布高湯」、「柴魚高湯」的紙杯中，寫有「水」的紙杯則倒入水。

③首先含一口水輕輕漱口。

④將昆布高湯含入口中，用整個嘴巴來品嘗高湯。

⑤接著再含一口水輕輕漱口，以和昆布高湯相同的方法品嘗柴魚高湯。

實驗 2：感受小番茄的鮮味

比起高湯，品嘗鮮味還有更簡單的方法。

■準備用具

- 小番茄……1顆

■做法

①清洗小番茄，切除蒂頭。

②將小番茄放入口中，咀嚼約30次。

③剛開始雖然會感受到酸味及甜味，但咀嚼30次之後，嘴巴會慢慢冒出一股味道，那就是鮮味。

3.讓人警戒的味道

①苦味及酸味

反觀，苦味及酸味被視為危險指標。植物所含的毒素多半帶有苦味，食物腐敗時則會變酸，因此苦味被視為毒素指標，酸味則與腐敗食物畫上等號，這兩種味道都是人們會選擇保持距離的味道。

實際上，當我們給動物或剛出生的小嬰兒吃苦的或酸的食物時，他們也會顯露不悅的表情，或是將東西吐出。

不過，會苦或會酸的食物中，很多東西都是安全的，其中還有我們日常生活常吃的東西。舉例來說，醋及檸檬很酸，青椒和苦瓜雖然是苦的，但這些都是安全的食物。人類會透過「學習」，讓自己知道雖然某些東西會苦或會酸，但都是好吃的食物。藉由「周圍的人都在吃」、「自己吃了後，發現並沒有問題」的經驗累積，讓腦部學習「其實這個食物是安全的」。每個人的喜惡程度或許有所不同，但基本上只要是微酸的酸味，都能帶給人清爽柔和的正向感覺。此外，咖啡或巧克力這類帶有些微苦味的食物甚至還能創造出讓人上癮的美味。

就算小時候因為在飲食上的經驗較少，所以討厭會苦或會酸的食物，但只要慢慢累積經驗，習慣後反而能接受，甚至愛上這些食物。對於現在討厭某種食物的人而言，或許將來就能夠接受它的味道。因此各位不妨一點一點地耐心挑戰，循序漸進是非常重要的。

有些人因為體驗留下好印象，開始吃自己原本不喜歡的食物，甚至喜歡上那樣食物，卻也有些人因為某些體驗留下了不好的印象，使自己突然開始討厭某種食物，甚至無法再吃那樣食物。這時我會建議各位不用勉強自己，盡可能地抱著享受的心情，挑戰各種食物，如此一來將能讓自己覺得美味的東西愈來愈多，增加吃的樂趣。

〈富含酸味及其成分的食品〉

主要的酸味成分

- **醋酸：**醋所含的成分，帶有酸味及獨特氣味。
- **檸檬酸：**梅子或柑橘類所含的成分，屬於溫和、清爽的酸味。
- **乳酸：**乳酸菌飲料或醃漬物中所含的成分，雖然帶點澀味，但屬於溫和的酸味。
- **蘋果酸：**蘋果、梅子、枇杷、葡萄等水果所含的成分。
- **酒石酸：**葡萄等水果所含的成分。

〈富含苦味及其成分的食品〉

- **咖啡因：**咖啡、綠茶。
- **可可鹼：**巧克力、可可。
- **柚苷：**夏蜜柑、葡萄柚、柑橘醬等。

4.味道的有趣變化

①味道的世界不是只有加法

舔砂糖及舔鹽時雖然只會分別感受到甜味及鹹味，但其實無論是某種食物或某道料理，都包含了數種味道成分，當這些成分相混後，才能呈現出各種味道。舉例來說，把巧克力含在口中的話，會感覺到苦味及甜味，葡萄柚的味道中則包含了酸味、苦味、甜味。

因此當多種味道混合在一起時，無法單純地用加法將所有味道結合。在不同味道的組合中，某些味道可能表現較強，那麼相對地某些味道表現就會較弱。此現象稱為「味道的交互作用」。

舉例來說，少許的鹽味能加強甜味表現。煮紅豆湯時，我們會添加砂糖進煮軟的紅豆裡，這時若放入一撮鹽提味，不僅能加強甜味表現，還能讓味道更加濃郁。此外，當西瓜不夠甜時，也可以撒點鹽再吃，讓味道更棒。

能透過鹹味加強表現的不只有甜味，在少量鹽味的幫助下，還能增加鮮味。在高湯中加入醬油或鹽，就能讓濃郁表現更有深度。

此外，番茄直接吃固然美味，但若撒些許鹽，還能增加甜味及鮮味，品嘗起來會更加分。

②味道＋味道不見得都有加分效果？

相反地，某種味道卻能讓其他味道表現變弱。當咖啡加砂糖時，會變得較好喝，這是因為甜味讓苦味的表現不再那麼強烈。

我們也會在巧克力中添加大量甜味，以抑制苦味表現。雖然添加比例會依巧克力的種類有所不同，但一般而言，砂糖等糖分大約占巧克力重量的一半。直接品嘗巧克力原料可可的話，那苦味可是會讓你整張臉扭曲變形，因此若不添加大量糖分，實在很難讓人開心享用。

甜味同樣能讓酸味的表現變弱。直接舔檸檬汁雖然很酸，但若搭配砂糖或糖漿，將能讓討人厭的酸味消失，留下程度剛好的清爽風味。

當葡萄柚或夏蜜柑酸到難以下嚥時，不妨加點砂糖或蜂蜜，品嘗起來會更美味。

此外，鹹味同樣具備抑制酸味表現的效果。用來做醋漬物的甜醋雖然是以醋添加砂糖及鹽製成，但只要讓甜味及鹹味充分顯現出來，就能緩和酸味，讓人更容易入口。不喜歡吃酸的人不妨增加砂糖及鹽的使用量。

〈試試味道的交互作用〉

實 驗 看 看 ⑩ 鹹味能加強甜味表現①
帶出水果的甜味

讓我們來比較品嚐看看有撒鹽的水果及沒撒鹽的水果。
用蘋果、西瓜、桃子、梨子來做比較的話，會更明顯感受到差異。

做做看 ⑰ 鹹味能加強甜味表現②**紅豆湯**

■材料（2人份）

- 水煮紅豆（罐頭）……190g
- 水……100mL
- 鹽……一撮
- 麻糬……方形的話2塊、圓形的話4塊

■準備用具

- 小鍋子
- 湯勺
- 烤箱或烤盤

■做法

①烤麻糬

用烤箱或烤盤烤麻糬，注意別烤焦了。

②煮紅豆

將罐頭的水煮紅豆及水放入小鍋子中，並將用來清洗罐頭空罐的水倒入鍋子，避免紅豆汁液殘留罐中。

以小火烹煮2分鐘左右，再加鹽調整味道。

※比較看看加鹽前及加鹽後的味道變化。

③盛裝

將②放入碗中，並擺上①的麻糬，即可完成。

做做看 ⑱　甜味能減弱酸味表現①
檸檬糖漿

用檸檬糖漿製作清爽的飲品吧。

■材料（1杯份）

- 樹膠糖漿……10～15g
- 檸檬汁……1大匙
- 碳酸水（也可使用一般水或熱水）……120mL

■準備用具

- 杯子
- 攪拌器具（湯匙等）

■做法

①製作檸檬糖漿

將檸檬汁倒入杯子，再添加樹膠糖漿攪拌混合。

※分別舐看看少量加糖漿前與加糖漿後的檸檬汁，比較味道差異。

②稀釋

加入碳酸水（也可使用一般水或熱水）後攪拌混合，即可完成。

加碳酸水的話就是檸檬汽水，加一般水或熱水的話就是杯檸檬水。

甜味能減弱酸味表現②
醋漬白蘿蔔與小黃瓜

　　醋漬物總會讓人覺得「醋」的味道很重，但有放糖或沒放糖的味道可是差很多。

■材料（2人份）

- 白蘿蔔……100g
- 小黃瓜……1條
- 蟹肉棒……20～30g
- 鹽……1/2小匙
- 醋……1大匙
- 砂糖……1/2大匙
- 醬油……1/2小匙

■準備用具

- 菜刀
- 砧板
- 削皮器
- 料理盆
- 料理筷

■做法

①製作甜醋

將醋、砂糖、醬油倒入料理盆中，充分攪拌直到砂糖溶解。

②切白蘿蔔與小黃瓜

將小黃瓜切薄片，白蘿蔔削皮後，同樣切成薄片。也可使用削皮器將材料削成薄薄的緞帶狀。

撒鹽拌勻後，靜置5～10分鐘。

③拌漬

②的蔬菜會滲出水分，這時要充分將水分擰乾，接著加入①的甜醋。

將蟹味棒剝成絲狀放入，以料理筷拌在一起後，即可完成。

各位可以比較看看什麼都不加的醋，以及加了砂糖及醬油後的甜醋味道差異。這時應該可以發現，比起什麼都不加的醋，甜醋的酸味表現較柔和。

減少砂糖量，酸味會變強；增加砂糖量，酸味會變柔和。喜歡酸的人可以減少砂糖量，討厭酸的人當然就要多加點砂糖。

 比較醋漬物的味道

製作不同砂糖使用量的醋漬物，比較味道差異。

■材料（3種口味）
- 白蘿蔔……150g
- 小黃瓜……1條
- 蟹味棒……30～40g
- 鹽……少於1小匙

■甜醋材料

	砂糖較多	正常量	無砂糖
醋	1大匙	1大匙	1大匙
砂糖	1大匙	1/2大匙	無
醬油	1/4小匙	1/4小匙	1/4小匙

■準備用具
- 菜刀
- 砧板
- 削皮器
- 料理盆……3個
- 料理筷

■做法

①製作甜醋

將所有的甜醋材料倒入料理盆，充分攪拌直到砂糖溶解。

②切白蘿蔔與小黃瓜

將小黃瓜切薄片，白蘿蔔削皮後，同樣切成薄片。也可使用削皮器將材料削成薄薄的緞帶狀。

撒鹽拌勻後，靜置5～10分鐘。

③拌漬

②的蔬菜會滲出水分，這時要充分將水分擰乾，切成3等分，並分別加入①的甜醋中。將蟹味棒剝成絲狀，同樣分成3等分添加入每個料理盆中，以料理筷拌在一起後，即可完成。

③鮮味加鮮味等於更美味

有種說法是「當鮮味彼此結合後，能讓表現更強烈」。第88～89頁有介紹到「麩胺酸鈉」「肌苷酸鈉」「鳥苷酸鈉」這三種鮮味成分。

當中的麩胺酸鈉若與肌苷酸鈉或鳥苷酸鈉結合，將能讓鮮味最多增加8倍。

比起單一種類的鮮味成分，將2種以上的成分進行結合將能讓鮮味增加，食物也會變得更美味，此現象稱為「鮮味的加乘效果」。

舉例來說，用來製作日本料理中的「清湯」時，常會使用昆布與柴魚製成的「混合高湯」。此外，沒有肉類或魚類的素食料理也會使用以昆布及香菇一同製成的高湯。

從科學角度發現鮮味有加乘效果要等到1960年，算是比較近期的發現。

但是，據說早在至今350年以前的日本江戶時期，就已經知道以混合的方式製作高湯。在我們以科學角度發現鮮味以前，古代人早就透過經驗，知道將鮮味成分相互搭配能讓東西變得更美味。

鮮味成分不只存在於高湯中，如番茄含有麩胺酸鈉，魚肉類則含有大量的肌苷酸鈉，有了這些鮮味成分的加乘效果，才能讓夾有番茄及肉醬的漢堡，或淋有番茄醬汁的嫩煎魚類、肉類料理如此美味。

實驗看看⑫ 實際體驗鮮味的加乘效果

使用「實驗看看⑨」製作的高湯，體驗看看鮮味的加乘效果。

■準備用具
- 昆布高湯
- 柴魚高湯
- 水
- 紙杯⋯⋯3個

※將高湯與水分別倒入寫有「昆布高湯」、「柴魚高湯」、「水」的杯子中。

- 鹽
- 攪拌器具（筷子或湯匙）

■做法

①準備高湯

於昆布高湯及柴魚高湯分別加入一撮鹽並攪拌混合。

攪拌用的筷子或湯匙不可混用，須分別準備昆布高湯及柴魚高湯的攪拌器具。

②漱口

先含一口水，並輕輕漱口。

③品嘗昆布高湯

將昆布高湯含入口中，用整個嘴巴來品嘗高湯。

④品嘗柴魚高湯

接著再含一口水輕輕漱口，以和昆布高湯相同的方法品嘗柴魚高湯。

⑤再次品嘗昆布高湯

不要漱口，直接再品嘗看看昆布高湯的味道。

在品嘗步驟③的昆布高湯，以及步驟⑤的昆布高湯時，各位是否能感覺到鮮味的強弱差異呢？這是因為步驟④品嘗柴魚高湯時，少量柴魚高湯殘留於口中的狀態下，又接著品嘗昆布高湯，讓兩者於口中混合，加強了鮮味的表現。

④溶化會變甜、冷掉會變鹹

食物會因每種味道成分的含量占比，出現較濃或較淡的差異表現。一般而言，甜味成分愈多，味道就愈甜；鹹味成分愈多，味道就愈鹹。但就算味道成分含量相同，在不同溫度條件下給人的感受有時卻會不同。

舉例來說，溫度愈高，鹹味讓人覺得較淡；當溫度變低，就會讓人覺得較重。因此，冷湯這類加熱烹調後必須放冷的料理若是在溫熱情況下加鹽調味，等到湯冷時，就會變得較鹹。

另一方面，甜味在接近體溫溫度時的表現最為強烈，一旦比體溫高、或比體溫低，都會讓甜味表現變弱。舉例來說，冰淇淋在製作調味時，會讓冰淇淋在冰冷狀態下品嘗起來最美味，因此一旦冰淇淋溶化，就會讓人覺得似乎變甜或變膩。

會出現這樣的變化，是因為溫度改變後，會影響味細胞是如何接收味道成分帶來的刺激，以及如何將刺激傳遞至神經。另一方面，味道物質本身也會因溫度出現變化。隨著溫度的不同，水果及蜂蜜甜味成分的果糖具有改變甜度的特性，因此溫度愈低，甜味就愈強，這也是為什麼水果冰過會更美味的原因。

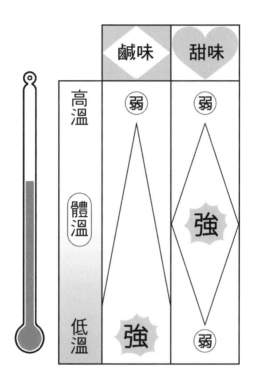

	鹹味	甜味
高溫	弱	弱
體溫		強
低溫	強	弱

實驗看看 ⑬ 感覺味道的變化

溫度會改變甜味感受①

　　從杯裝冰淇淋挖出1～2口的冰淇淋，放入容器中，剩下的冰回冷凍庫。將容器中的冰淇淋放置於室溫直到溶化。

　　比較品嘗看看溶化後的冰淇淋以及冰涼涼的冰淇淋。

溫度會改變甜味感受②

　　比較品嘗看看冷藏冰鎮過的水果以及常溫下的水果。

【冷知識】讓人驚奇的水果 —— 神秘果

　　在各種條件的影響下，味道有時會變強，有時會變弱，有時甚至會變成另一種味道。吃了一種名為神秘果的水果後，再吃檸檬等會酸的食物，竟然會讓人覺得是甜的。神秘果是發現於西非的水果，當地人在吃酸的食物時，就會搭配這種水果。

　　為什麼吃了神秘果後再吃酸的東西，會讓人覺得是甜的呢？這是因為神秘果中，含有一種名為神秘果蛋白（miraculin）的成分。讓我們來回想看看之前說過的味道感受機制。

　　舌頭的味細胞具備能與甜味物質或酸味物質結合的功能，當味細胞接觸到甜味成分，就會讓人覺得甜，若接觸到酸味成分，就會讓人覺得酸。吃神秘果的時候，神秘果蛋白會靠近能與甜味物質結合的區域。但由於神秘果蛋白並非甜味成分，就算靠近該區域，也無法確實結合，因此這個時候還感覺不到甜味。

　　但當酸味成分靠近這塊區域時，神秘果蛋白會開始強烈刺激原本應該和甜味成分結合的區域。如此一來，味細胞會誤以為已經和甜味物質相結合，並對腦部傳遞「甜」的訊號，讓人感覺味道是甜的。

　　我們除了透過舌頭表面接收味道成分、感受味覺外，還能透過眼睛接收光線、看見事物，透過耳朵接收震動、聽見聲音，透過五感，接收各式各樣的資訊。但就像神秘果會欺騙舌頭一樣，或許我們在看、聽事情，並產生某些感受的過程中，其實正受到眼睛或耳朵的欺騙呢。

感覺受到欺騙的例子：

使用添加薄荷醇的洗髮精、入浴劑，或是添加薄荷油的噴霧時，會讓人覺得冰涼。

→並不是因為溫度降低感到涼爽，而是被皮膚的感覺所蒙騙。

　　除了神秘果蛋白，還有其他能改變味道的物質。舉例來說，有種名為武靴葉（Gymnema）的植物，葉子所含的武靴葉酸（Gymnemic acid）能遮蔽掉甜味感受，因此嚼了武靴葉後，吃砂糖就會變得像是在吃沙子。

　　吃了武靴葉後，甜味究竟是為什麼會消失呢？（提示與解說請參照165頁）

第7章

連大人也會嚇一跳的料理妙招

1.肉是什麼組成的？

說到肉類料理，可是包含了燒肉、牛排、炸雞塊等大家都非常喜歡的人氣料理。

平常我們在料理中使用的肉，主要都是動物用來活動身體的肌肉。

肌肉是由非常多名為「肌纖維」的細胞聚集組成。肌纖維是粗度就像頭髮一樣的細長細胞，大約每50～150條的肌纖維會被薄膜包覆成束，數十條的肌纖維束又會被薄膜捆在一起，形成肌肉。

包覆著肌纖維的薄膜兩側會固定在骨頭上，避免肌纖維無法整捆包束住，因此肩膀或小腿這類需要承受重壓部位的薄膜相對較厚，結構也較堅固。

薄膜的厚度還會影響肉的硬度。我們去肉攤可以看見非常多種類的肉，除了有簡單煎烤過就能品嘗的肉，還有必須慢慢燉煮變軟才有辦法吃下肚的肉。

當包覆肌纖維的薄膜較多，且結構扎實時，除了會使肌肉本身的強度變強，肉質本身也會較硬，較難咀嚼。

與豬肉或牛肉相比，雞肉相對體積較小，因此包覆肌肉的薄膜也較少，牛肉或豬肉中，小里肌肉或里肌肉這些部位的薄膜較少，肉質較柔軟，因此可以燒烤或油炸烹調，品嘗起來會更美味。

然而，牛或豬的肩肉及小腿肉等部位的薄膜較多，肉質較硬，

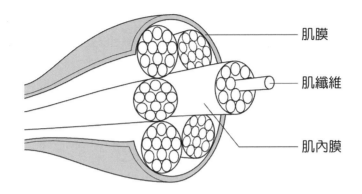

肌膜

肌纖維

肌內膜

只有簡單加熱烹調的話，品嘗起來會又硬又難吃。但這些部位的肉質卻也相對濃郁，能烹煮出美味高湯，因此花點工夫就能讓肉質變軟。

2.把硬邦邦的肉變軟！

想把薄膜較多的肉變得又軟又好吃的話，可以選擇燉煮。燉牛肉、咖哩、法式鄉村蔬菜牛肉鍋（pot-au-feu）、滷牛筋等料理都是將較硬的肉煮到又軟又爛，煮出美味的烹調方法。肉類經過燉煮後，為什麼會變軟呢？以及燉煮過程中，肉又出現了怎樣的變化？

肉經過加熱後，肌纖維或包覆肌纖維的薄膜成分會開始改變。包覆肌纖維的薄膜主要是由一種名為膠原蛋白的蛋白質組成。這些膠原蛋白是由無數個胺基酸所組成的鎖鏈，以螺旋狀方式每3條扭轉而成，如細線一樣的成分。大量膠原蛋白束在一起後就像是粗硬的繩子，並交織成堅固的網子包覆肌肉。

　　肌纖維與膠原蛋白加熱後，會收縮變小，這時整個肉也會緊縮，並將縫隙填滿，讓肉變硬。當肌纖維變硬時，就不會再出現其他變化。但若拉高加熱溫度，拉長加熱時間，膠原蛋白反而會慢慢分解溶出。分解的膠原蛋白會不斷從肉流出，包覆著肌纖維的薄膜也會逐漸消失崩解，這也是為什麼肉會變得又爛又軟。

慢慢燉煮

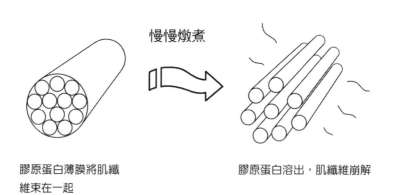

膠原蛋白薄膜將肌纖
維束在一起

膠原蛋白溶出，肌纖維崩解

　　想讓膠原蛋白溶出、肉質變軟最重要的關鍵在於長時間慢慢燉煮。要讓膠原蛋白完全分離崩解需要1～2小時的時間，過程中，膠原蛋白與肌纖維會先出現收縮的情況，因此若在這時停止加熱的話，反而會讓肉質變硬。

只要加入熱水，以小火慢慢燉煮，就能均勻傳熱，也不至於讓水分完全蒸發，使肉的口感乾柴。此外，肉經過燉煮後，還能得到充滿膠原蛋白及鮮味的美味湯汁。

3.小火慢煮法

①燉煮時間要多久？

　　膠原蛋白分解所需的時間會依動物種類、年齡，以及動物的運動量等因素而不同。舉例來說，動物的年齡愈大，膠原蛋白的結合強度愈好，這也使得肉質較硬，不易分解。因此，在料理年齡愈大的動物肉類時，需要更長的燉煮時間。

　　使用「壓力鍋」的話，將能縮短燉煮肉類的時間。溫度愈高，膠原蛋白分解的速度就愈快。若使用一般鍋具，滷汁溫度頂多只能達到100℃。這是因為水在100℃時會沸騰，當溫度超過100℃，水就會蒸發，因此鍋中溫度不會超過100℃。

　　但是當氣壓，也就是空氣中壓力變大時，要讓水沸騰，溫度就必須超過100℃。使用壓力鍋的話，能讓鍋中壓力變大，讓水沸騰的溫度從原本的100℃提高到110～120℃左右。這時就能縮短分解膠原蛋白的時間，讓肉質變軟。若是平常需要花費1～2小時才能讓肉變

軟的料理，只要使用壓力鍋，在加壓狀態下加熱15分鐘，接著再放置15分鐘的話，就能讓肉質充分變軟。

②縮短燉煮時間的妙招

除了使用壓力鍋外，還有其他縮短燉煮時間的妙招，那就是以砂糖搓揉後，靜置片刻再進行燉煮，如此一來將能讓燉煮時間減半。膠原蛋白分解時需要水，而砂糖能有效地讓水分釋出，只要充分搓揉、靜置，就能拉近膠原蛋白與水分的距離。

實 驗 看 看 ⑭ 砂糖能輕易溶解於水中

砂糖存在非常親水的特性，究竟有多麼親水？200g的砂糖可是能溶解於100mL（＝100g）的常溫水中。各位或許會懷疑「是真的嗎？」百聞不如一見，就讓我們實驗看看吧。

■準備用具
・水……50mL
・砂糖……100g
・透明杯子
・湯匙

■做法
於杯中倒入水及砂糖，充分攪拌。這時砂糖雖然不會馬上全部溶解，但只要偶爾攪拌，放置1～2小時，砂糖就會全部溶解，變成透明液體。

【冷知識】為什麼砂糖能輕易溶解於水中？

　　砂糖的主要成分為蔗糖，結構如下圖所示。當中名為「OH」的部分能輕易地與水結合，當物質中的「OH」愈多，就愈容易溶解於水。

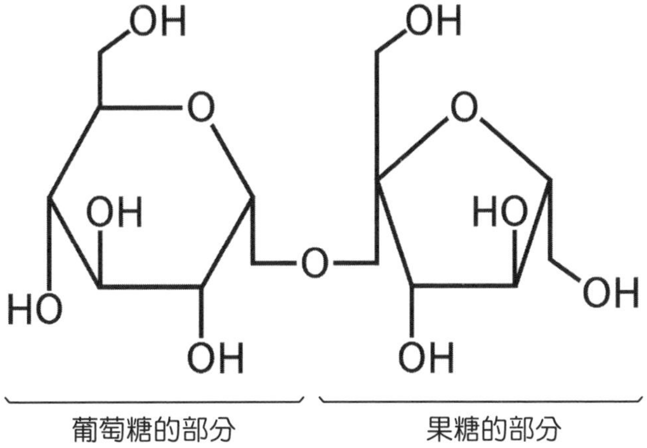

葡萄糖的部分　　　　　果糖的部分

日式豬肉根菜鍋

就讓我們實際做做看燉肉料理吧。

■材料（4 人份）

- 豬肉（燉煮用肉塊）……300g
- 砂糖……1大匙
- 鹽……1小匙
- 酒……2大匙
- 白蘿蔔……1/3條
- 胡蘿蔔……1/2條
- 水……1L
- 黑胡椒粗粒……依個人喜好

■準備用具

- 菜刀
- 砧板
- 鍋子（附蓋）
- 濾網
- 叉子
- 湯勺

■做法

①處理豬肉

以叉子在豬肉上刺出數個小洞，撒糖並搓揉使其入味。接著置於冰箱冷藏1小時左右。

②撈除浮沫

於大鍋子倒入大量的水（份量另計），待水煮滾後，放入豬肉。接著再使其沸騰，當豬肉表面變色時，即可關火。以濾網撈出豬肉，並倒掉鍋中的湯汁。

③烹煮豬肉

接著再於鍋中倒入1L的水、豬肉、酒，以大火加熱。沸騰後，以湯勺撈除表面浮沫，蓋上鍋蓋，以小火燉煮約10分鐘。

④切蔬菜

燉煮豬肉時，可以先來切蔬菜。將胡蘿蔔及白蘿蔔削皮，切成2cm厚的半圓形。

⑤加入蔬菜

加入蔬菜及鹽，繼續燉煮約20分鐘。

當豬肉及蔬菜完全變軟後即可裝盤，並依個人喜好撒上黑胡椒粗粒，便大功告成。

各位可取出少量燉煮10分鐘的豬肉，與燉煮到最後的豬肉做比較，兩者的軟爛程度可是完全不同。

■訣竅

膠原蛋白含量少，本身質地就較軟的肉經過燉煮後，反而會變得乾柴難吃。因此建議使用豬牛肩肉、梅花肉、小腿肉等，膠原蛋白含量較多的部位來製作燉煮料理。燉煮頸肉、尾部肉、筋肉等部位雖然需要花費時間，卻能品嘗到美味湯汁。

【冷知識】膠原蛋白崩解後會變果凍

　　燉煮膠原蛋白含量較多的肉類時，冷卻後放入冰箱存放的話，湯汁會變得像是Q彈的果凍。這是膠原蛋白經分解溶出後所形成的現象。

　　膠原蛋白就像是細線一樣的蛋白質，這些膠原蛋白結合成束，交織成網狀後，會將肌肉的纖維包覆，形成動物的肉。因此將肉加熱時，這些線會一條條地崩解、變短、散開，並從肉中溶出。

　　這些變短的細線稱為膠質，在高溫環境下會呈分離狀態，漂浮於水中。但當溫度降低時，位置鄰近的膠質會再彼此交織成螺旋狀，形成網子或海綿的狀態。當中的縫隙更會鎖住水分，形成Q彈的果凍狀。這樣的原理更被用來製作果凍或慕斯等甜點。

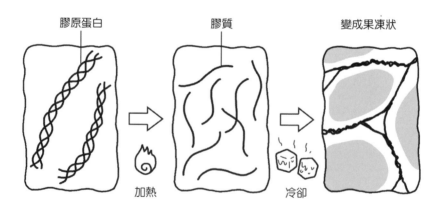

膠原蛋白　　　　膠質　　　　變成果凍狀

加熱　　　　冷卻

做做看㉑　咖哩牛肉

■材料（4人份）

- 牛肉（燉煮用肉塊）……300g
- 砂糖……1大匙
- 洋蔥……1顆
- 胡蘿蔔……1/2條
- 咖哩塊……4盤份
- 沙拉油……1大匙
- 水……600mL

■準備用具

- 菜刀
- 砧板
- 鍋子（附蓋）
- 料理盆
- 湯勺

■做法

①處理材料

將牛肉切成4cm塊狀，放入料理盆中，並撒砂糖搓揉。

接著放入冰箱冷藏1小時左右。

②燉煮牛肉

於較厚實的鍋子中倒油，以中火加熱，並放入牛肉熱炒。待牛肉表面炒出顏色後，再加水轉大火。沸騰後，以湯勺撈除表面浮沫。接著轉小火，蓋上鍋蓋，燉煮30分鐘～1小時左右。

③切蔬菜

將胡蘿蔔削皮，切成2cm厚的半圓形。洋蔥剝皮後，則直切成6等分。

④加入蔬菜

當牛肉確實變軟後，再加入蔬菜繼續燉煮約15分鐘。

4.燉煮以外的祕訣

①酵素的功效

另外還有一種不用長時間燉煮，就能讓肉變軟的小訣竅，那
就是運用植物中所含的「酵素」。酵素中包含了能讓澱粉分解、讓
色素變色、破壞維生素等具備各種功效的成分，其中也包含了能分
離、崩解蛋白質的酵素。

這種酵素名為「蛋白酶」。形成肌肉的肌纖維主要成分是蛋白
質，膠原蛋白本身也是一種蛋白質，因此只要蛋白酶起作用的話，
就能分解部分的膠原蛋白與肌纖維，讓肉變軟。

水果中的鳳梨、哈密瓜、木瓜、奇異果、無花果、梨子，以及
生薑及洋蔥等都是富含蛋白酶的蔬果。將這些蔬果切開，放在肉上
面，或是與肉片一起搓揉，都能讓肉質變軟。當我們在製作生薑燒
肉時，只要將豬肉與生薑、洋蔥及調味料一同浸漬片刻，就能讓豬
肉變得又軟又嫩。

在使用這個小訣竅時，必須注意酵素一旦經加熱後就會被破壞。無花果果醬或鳳梨罐頭的水果都經過充分加熱，較難期待蛋白酶的功效，因此各位務必使用新鮮的水果。

做做看㉒　烤奇異果漬牛肉

從許多充滿蛋白酶的水果中，挑選一年四季都能取得的奇異果，試著讓肉變軟吧。

■材料（2人份）

- 牛肉（牛排用）……200g
- 奇異果……1/2顆
* 醬油……1大匙
* 蜂蜜……1大匙
* 大蒜泥……1/2小匙
- 沙拉油……1小匙

■準備用具

- 菜刀
- 砧板
- 磨泥器
- 料理盆
- 平底鍋
- 鍋鏟

■做法

①醃漬

將奇異果削皮後，磨成泥並放入料理盆中，與＊記號的調味料混合。接著將牛肉放入醃漬，於常溫下放置20～25分鐘（醃漬過久會讓肉過度分解，使肉質太爛，須特別注意）。

②熱煎

於平底鍋倒油並以中火加熱，從醃漬醬中取出牛肉，放入平底鍋熱煎。保留料理盆中的醬汁勿丟棄。熱煎1～2分鐘後，觀察側面，當變色達厚度一半時，即可以鍋鏟翻面。接著再熱煎1～2分鐘，待肉的側面整個變色後，即可關火，取至盤中。

③製作醬汁

將步驟②保留的醬汁倒入平底鍋中，接著再以中火加熱。待沸騰且湯汁稍微收乾時，即可關火，並淋在牛肉上。

■訣竅

奇異果可分為一般綠色的奇異果，以及果肉是黃色的「黃金奇異果」。黃金奇異果的蛋白酶含量不多，因此若要讓肉質變軟，建議使用綠色的奇異果。

比起油花（油脂）較多的國產肉，建議使用美國或澳洲產，紅肉部分較多的肉種。

實 驗 看 看 ⑮ 試著調整醃漬時間及溫度

改變「做做看㉒」的「烤奇異果漬牛肉」條件，進行比較。

· 醃漬時間

改變醃漬時間，進行比較。

例：醃漬後立刻、10分鐘後、20分鐘後、30分鐘後、40分鐘後熱煎。

· 水果種類

水果種類不同，蛋白酶強度及含量也會有差異，這將會影響分解蛋白質的速度。舉例來說，使用鳳梨、木瓜、芒果的時間是奇異果的2倍左右。各位不妨用各種水果進行比較。

· 溫度

一般來說，酵素存在著最容易起作用的溫度，一旦溫度過高或過低，都會讓酵素反應變慢。水果中所含的蛋白酶基本上在室溫下最活躍，一旦放入冰箱冷藏，就會讓分解的時間比平常多出3～4倍左右，各位不妨也試著改變溫度進行比較。

②明膠實驗

　　膠原蛋白分解後會形成膠質，受到蛋白酶的影響，這些膠質會被分解得更細，最後變得無法製成果凍。因此，在以明膠製成的果凍上，擺放新鮮的鳳梨或奇異果並放置一段時間的話，竟然會出現果凍溶化的情況。

實驗看看⑯ 用蛋白酶溶化果凍

■材料

明膠（顆粒狀）……5g

熱水（80℃以上）……50mL

果汁（自己喜愛的種類皆可）……250mL

含蛋白酶的水果（鳳梨、哈密瓜、木瓜、芒果、奇異果、無花果、梨子等）

■準備用具

・耐熱容器

・果凍杯……4個

・湯匙

■做法

①溶化明膠

於耐熱容器中倒入熱水，撒入明膠，充分攪拌。

②拌入果汁中並冷卻

於①加入果汁並予以攪拌，分裝入果凍杯後，置於冰箱冷藏1～2小時，使其充分冷卻凝固。

③將水果擺放在果凍上

將含有蛋白酶的水果切成適當大小，擺放在果凍上，並靜置一段時

間，這時果凍會漸漸溶化。另外，可以準備一塊末擺上任何東西的果凍，這樣就能清楚看出兩者間的差異。

溶化的果凍可以作為果汁飲用。

「實驗看看⑮」也有提到，水果種類不同會影響分解速度。使用奇異果的話，大約30分鐘～1小時就能將果凍溶化。

【冷知識】透過加熱停止分解

逆向思考這個實驗的話，使用明膠製作水果果凍時，其實重點就是要注意水果中所含的蛋白酶。因此若加入富含蛋白酶的新鮮水果，會讓明膠無法凝固。這時建議各位可使用罐頭等加熱過的水果，或是以寒天等明膠除外的材料來凝固果凍。

第 **8** 章

各種薯類食譜

1.馬鈴薯的種類

①鬆軟？扎實？

馬鈴薯可以做成咖哩、馬鈴薯燉肉，也可以搗碎做成沙拉及可樂餅，還可用粉吹芋手法製成表面呈粉狀的馬鈴薯，或是奶油馬鈴薯等各式各樣的料理。

但全世界光馬鈴薯的種類就多達2000種，據說日本常種植的主要品種就超過50種以上。每個品種都有自己的特徵，建議可依照料理種類挑選適合的馬鈴薯。

馬鈴薯可大致區分成質地鬆軟及質地扎實的兩大類。

質地鬆軟的馬鈴薯中，較具代表性的品種為男爵或北明，品嘗起來的口感鬆軟，感覺就像是化開來一樣，因此非常適合用來製作可樂餅，或是馬鈴薯泥等需要搗碎的料理。另外還可以抹上奶油，享受那熱呼呼的口感。

質地扎實的馬鈴薯品種則有五月皇后及紅月等，就算慢火熬煮也不容易爛掉，因此常被用來燉滷。這些特性差異全來自馬鈴薯加熱時2種成分的變化。

②果膠與澱粉

　　第一個起變化的成分是讓細胞彼此聚集在一起的「果膠」。馬鈴薯雖然是由許多細胞聚集而成，但若只是聚集在一起，還是會崩解分離。而果膠就像是膠水，能將這些細胞們黏著固定。但馬鈴薯加熱後，果膠會逐漸溶化變軟，讓細胞彼此變得容易分離，這也是為什麼生馬鈴薯會是硬的，但加熱後會變軟變鬆的原因。

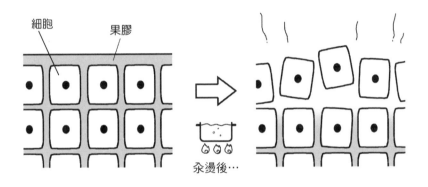

細胞　　果膠

汆燙後…

　　另一個起變化的成分是「澱粉」。馬鈴薯的細胞中含有非常多能作為養分的澱粉粒。馬鈴薯經汆燙、悶蒸加熱後，這些澱粉會吸水膨脹。當我們在煮白飯時，原本很硬的米粒膨脹後，會變成又軟又有黏性的白飯。在加熱馬鈴薯時，馬鈴薯的細胞中也會出現相同變化。

　　當裡頭的澱粉膨脹，細胞本身也會膨脹變大。這時，原本排列相當整齊的細胞們會開始在既有的空間互相擠壓。質地鬆軟的馬鈴薯澱粉含量比質地扎實的馬鈴薯還要多，因此細胞會瞬間膨脹變

大。負責讓細胞彼此結合的果膠也因受熱開始溶化或變軟，只要施加點力量就能輕易讓細胞分離，這也是為什麼馬鈴薯嘗起來很鬆軟、很容易化開的原因。

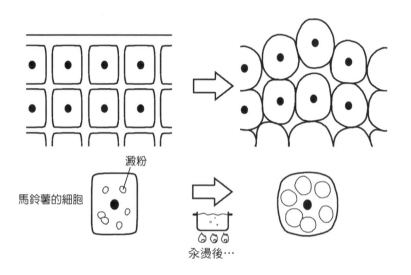

馬鈴薯的細胞

澱粉

汆燙後…

③為什麼會說「要趁熱」

　　質地鬆軟的馬鈴薯較適合搗碎使用及加工成泥狀，因此可製作成馬鈴薯泥、可樂餅、馬鈴薯沙拉、馬鈴薯濃湯等料理。不過在製作這些料理時，務必記住「要趁熱搗碎」的原則。

　　加熱時，果膠溶化變軟，讓細胞彼此較容易分離，但溫度一旦冷卻，就會再次凝固，變得不易分離。這時，馬鈴薯會變得又硬又難搗碎，若硬是將馬鈴薯搗碎，會使細胞薄膜破裂，澱粉外流。

澱粉經過加熱後會吸水，產生像膠水一樣的黏性。一旦澱粉流出細胞膜，就會讓原本質地鬆軟的馬鈴薯口感變得相當黏稠。此外，若是用磨的方式處理馬鈴薯，同樣容易造成細胞破裂，因此建議以上下垂直搗壓的方式。

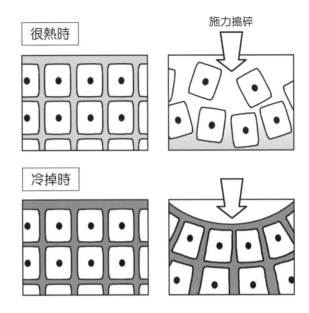

粉吹芋馬鈴薯同樣必須趁馬鈴薯還是熱的時候製作。所謂的粉吹芋，是將馬鈴薯汆燙後，倒掉熱湯，並以邊搖動、邊加熱的方式讓水分蒸發。馬鈴薯經汆燙後，會使果膠溶化，細胞變得容易分離，透

過搖動的力道衝擊，就能讓馬鈴薯表面的細胞崩解，像是「裹粉」一樣，因此日文又名為「粉吹芋」。馬鈴薯冷卻後，果膠也會跟著凝固，這時就算再怎麼用力搖動，也無法讓細胞分離，當然就無法產生「裹粉」的效果，最後只能做成單純的汆燙馬鈴薯。

馬鈴薯有各種不同特徵的品種，使用時也會挑選適合的品種。除了我們平常在蔬果店會看到的料理用馬鈴薯外，還有用來製作洋芋片等點心零嘴的品種，以及用來做成太白粉的品種。這些品種又分別有怎樣的特徵呢？（提示與解說請參照166頁）

做做看㉓　粉吹芋馬鈴薯

常會用來搭配肉類或魚類的一道料理。

■材料（2人份）

・馬鈴薯……中型2～3顆（300g左右）
・鹽……一小撮
・胡椒……少許
・乾燥洋芫荽……依個人喜好

■準備用具

・菜刀
・砧板
・鍋子
・鍋蓋或濾網
・串叉
・料理盆

■做法

①切塊

將馬鈴薯充分洗淨，長出芽的部分要確實挖除。

削皮後，切成3～4等分。於料理盆裝水，將馬鈴薯浸在水中5分鐘左右。

②汆燙
將①的馬鈴薯放入鍋中,加水直到高度整個蓋過馬鈴薯。
以大火加熱,沸騰後將火轉小,汆燙20分鐘左右。
③瀝乾
用串叉刺刺看馬鈴薯,確認完全變軟後,倒掉熱水。
這時可蓋上鍋蓋,留點縫隙將熱水倒出,也可用濾網將馬鈴薯撈起後倒掉熱水,接著再將馬鈴薯放回鍋中。
④粉吹芋作業
拿起鍋蓋,以小火加熱,並撒入鹽及胡椒。當剩餘的些許水分完全蒸發後,再前後搖動鍋子。當馬鈴薯表面變得像是「裹粉」後,即可關火完成。還可依個人喜好撒點乾燥的洋芫荽。

製作其他口味的粉吹芋馬鈴薯
將步驟④的鹽、胡椒改成其他調味也很美味呢。
・咖哩味:
1小匙咖哩粉＋2小匙雞湯粉＋1/2小匙砂糖
・起司味:
1大匙起司粉＋少許胡椒粗粒

【冷知識】馬鈴薯切好後浸水

將切好的馬鈴薯浸水5～10分鐘,這樣可以預防切口處變成褐色。

馬鈴薯的細胞中,包含了名為「酪胺酸」的成分,以及會讓酪胺酸變成褐色的酵素「酪胺酸酶」。這兩種物質平常存在於細胞中個別的空間,因此酪胺酸不會變成褐色。但將馬鈴薯削皮切開後,將兩者分開的隔間也遭到破壞,使酪胺酸與酪胺酸酶彼此接觸,這時就會變成褐色。

將切好的馬鈴薯浸在水中的話，酪胺酸酶會溶解至水中，如此一來便可預防變色。

　　不過，浸泡時間太長會影響口感，因此須特別注意。自來水中包含了極少含量的鉀及鎂等元素，這些元素一旦與果膠結合，就算經過加熱也不易溶出果膠，因此就算再怎麼燉煮，也不會變成軟嫩的馬鈴薯。

　　基於同樣理由，各位使用牛奶時也要特別留意。牛奶含有豐富鈣元素，因此在製作牛奶濃湯或白醬料理時，必須先將馬鈴薯煮軟後，再加入牛奶。

【冷知識】汆燙馬鈴薯不用等水滾再放入

　　不只是馬鈴薯，就連汆燙胡蘿蔔、白蘿蔔等生長於地面下的蔬菜時，都不用等到水滾，而是在常溫時就可將蔬菜放入水中，接著開火加熱。在汆燙食物時，熱會透過與水接觸的外圍，慢慢地傳至內部。因此當一開始就放入熱水時，外圍會瞬間變熱，但接下來要傳熱至內部卻非常耗時。

　　這時，會變成中間剛快汆燙好，但外圍卻已經過熱的狀態。若以常溫水開始汆燙，隨著水溫上升，蔬菜本身的溫度也會由外向內慢慢地拉高，讓整體的汆燙狀態一致。

美味食譜2
粉吹芋風味
馬鈴薯沙拉

　　將熱騰騰的粉吹芋馬鈴薯輕輕搗碎，加入其他的蔬菜及美乃滋，就能完成馬鈴薯沙拉。

■材料（2人份）
- 粉吹芋馬鈴薯……2人份
- 洋蔥……1/8顆
- 小黃瓜……1/2條
- 火腿片……2片
- 蛋……1顆
- 美乃滋……3～4大匙
- 鹽、胡椒……各少許

■做法
①搗碎粉吹芋馬鈴薯
將做好的粉吹芋馬鈴薯趁熱大致搗碎，接著放涼。
（稍微保留馬鈴薯的形狀，品嘗時較有口感，會增添美味）

②處理材料
蛋：依照22頁「做做看③」的方法製作全熟水煮蛋，汆燙好後，放入流動冷水中冷卻，剝殼後，切成5mm厚的半圓形。
蔬菜：將洋蔥以與纖維平行的方向切成薄片，小黃瓜切成薄圓片，分別撒鹽靜置10分鐘使其出水，接著將水分確實擰乾。
火腿：切成短條狀。

③拌和
將①與②放入料理盆，添加美乃滋、鹽、胡椒，將所有材料拌和後即可完成。

2.Q彈的馬鈴薯

　　許多以搗碎馬鈴薯製作的料理為了讓口感鬆軟，避免出現澱粉的黏性，會趁熱將馬鈴薯搗碎。但卻也有刻意利用澱粉黏性製作的料理，其中一道就是北海道的鄉土料理「馬鈴薯餅」。

　　這道料理如同其名，是將馬鈴薯搗碎後製成像麻糬一樣的薯餅。一般的麻糬是以米為原料製成，但古時候的北海道不易種植稻米，因此米是既珍貴又難以取得的食物。據說也是因為這樣，改以馬鈴薯來製作麻糬。

　　既然是「麻糬」，當然就必須有Q彈的感覺。這時的做法和製作馬鈴薯泥及馬鈴薯沙拉完全相反。

　　為了避免澱粉產生黏性，讓馬鈴薯嘗起來爽口，我們會趁熱搗碎，避免細胞遭到破壞。反觀，若等到馬鈴薯冷卻後再來搗碎，就能破壞細胞，讓細胞中的澱粉流出，使馬鈴薯產生Q彈黏性。

鬆軟馬鈴薯餅＆Q彈馬鈴薯餅

■**材料（2種口味，2～3人份）**

・馬鈴薯……中型2～3顆（300g左右）

・太白粉……4大匙

・奶油……5g

・醬油……1大匙

・砂糖……2大匙

■**準備用具**

・菜刀

・砧板

・料理盆

・鍋子

・串叉

・濾網

・研磨缽及研磨杵

・平底鍋（附蓋）

・鍋鏟

・馬鈴薯搗碎器或叉子

■**做法**

①**汆燙馬鈴薯**

依照「做做看㉓」的做法步驟①～②，汆燙馬鈴薯。

②**瀝乾熱水**

用串叉刺刺看馬鈴薯，確認完全變軟後，撈至濾網上，瀝乾熱水。

③**製作麵糰**

將馬鈴薯放至料理盆中，趁熱以馬鈴薯搗碎器或叉子大致搗碎。

分成2等分，供A及B使用。

A 製作鬆軟馬鈴薯餅

將馬鈴薯趁熱壓成泥狀，靜置放冷。當馬鈴薯降至常溫時，加入太白粉，以輕拌方式混合原料，注意不可太用力攪拌。輕拌均勻，變成整塊的麵團時，分成3等分並揉成圓形，接著壓成1cm厚的圓餅狀。

B 製作Q彈馬鈴薯餅

當馬鈴薯降至常溫時，加入太白粉，以研磨缽及研磨杵搗爛原料，也可用手來搓揉。當產生黏性，變成整塊的麵團時，分成3等分並揉成圓形，接著壓成1cm厚的圓餅狀。

④熱煎

以中火加熱平底鍋，放入奶油溶化，接著放入麵糰，蓋上鍋蓋熱煎1分鐘後，翻面再蓋上鍋蓋，以小火熱煎3分鐘。

當兩面都煎出焦色時，加入醬油及砂糖，待醬汁稍微收乾即可完成。

【冷知識】
想要Q彈口感，建議使用剛收成的新生馬鈴薯

當春夏季節時，在蔬果店能看到不同於一般馬鈴薯的「新生馬鈴薯」。馬鈴薯多半在秋季採收，存放於倉庫，並以少量方式逐次出貨。但所謂的新生馬鈴薯，是指將提早至春夏季節收成的新鮮馬鈴薯直接出貨，而不進行儲藏。

由於新生馬鈴薯負責將細胞與細胞黏著的果膠尚未成熟，因此即便加熱也不易溶出，使得細胞彼此間較難崩解。此外，這時的細胞膜較薄，容易破裂，只要稍微施力，就能輕易產生澱粉黏性。

因此新生馬鈴薯不適合用來製作口感鬆軟的馬鈴薯泥，但卻很適合製作口感Q彈的馬鈴薯餅。若各位有機會取得新生馬鈴薯，務必用來製作馬鈴薯餅看看。

【冷知識】要留意馬鈴薯的芽眼

若馬鈴薯受光照射，有時表皮會變成綠色，甚至長出芽。長出芽的部分富含一種名為「龍葵鹼」的有毒成分，還會帶有苦味，須特別留意。當發現馬鈴薯的表皮變成綠色時，要厚厚地將皮削去，並將芽眼及整個四周挖除乾淨再使用。

此外，為了避免馬鈴薯變綠色或是長出芽，建議存放於通風的陰暗處。

調 查 看 看 9

將馬鈴薯與蘋果放在一起的話，就能預防馬鈴薯長出芽。這是為什麼呢？（提示與解說請參照166頁）

3.美味的烤番薯做法

①番薯的甜味

　　每當快要進入冬季時，就會聽到烤番薯攤販沿街呼喊著「烤番薯～烤番薯」的叫賣聲。就連超市或便利商店也開始賣起烤番薯呢。番薯除了用烤的，還可以放入電鍋和米一起煮，也可以做成名為Sweet potato的甜點或是拔絲地瓜。

　　無論是哪道料理，生食地瓜不僅口感太硬、還有害消化，因此都必須加熱變軟後食用。其實，加熱的方法也會影響番薯的甜味表現。

　　這是因為受到番薯所含的澱粉及一種名為「澱粉酶」酵素的影響。番薯和馬鈴薯一樣，細胞中都充滿了澱粉。

　　澱粉酶能將澱粉分解，並轉換為糖分。澱粉這個成分是由許多名為葡萄糖的小鎖鏈串接而成。β-澱粉酶則是會將澱

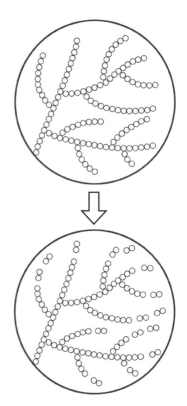

粉切割成每2個葡萄糖為一單位的鎖鏈。2個葡萄糖所串連的成分稱為「麥芽糖」，是大量存在於水飴中的甜味成分。因此只要澱粉酶產生作用，就能將澱粉轉化為糖分，使番薯變甜。

　　澱粉加熱變軟後，讓酵素更容易起作用。此外，70℃是能讓酵素既不被破壞，又能充分發揮作用的溫度。只要慢慢加熱，讓溫度長時間維持在70℃，就能讓番薯變甜。

　　讓番薯慢慢加熱，使澱粉酶能充分發揮作用的烹調方式中，最具代表性的就是烤番薯。它的做法是將番薯放在加熱過的小石頭上，透過石頭的熱來處理番薯。與汆燙或使用微波爐相比，這種加熱方式會慢慢地將熱傳遞至內部，讓中間的澱粉轉變為糖分。由於表面溫度會變得相當高，使水分蒸發，讓甜味整個凝結在一起。這也是為什麼無論古今，烤番薯都非常受人喜愛的原因。

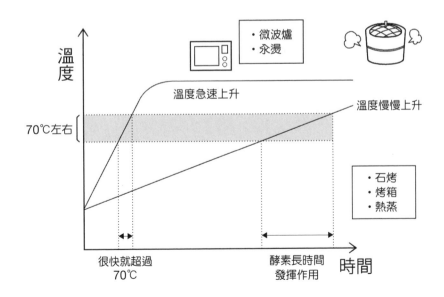

②在家也能烤番薯

要在家用石頭烤番薯實在有點工程浩大，這裡就來向各位介紹2種輕鬆做出甜番薯的方法。

第一種方法是使用烤箱。烤箱和石烤一樣，都能慢慢地傳熱，使水分蒸發，烤出鬆軟的甜番薯。

另一種方法是以平底鍋蒸烤。這種方式與烤箱不同，水分不會蒸發，雖然會讓甜味稍微較淡，卻能品嘗到扎實的口感。

但無論哪種方法，都必須用整顆番薯加熱。若切成小塊再加熱，會讓熱馬上傳至中間，若是直接拿整顆番薯加熱的話，熱傳遞至內部需要時間，這過程就能讓澱粉酶充分起作用。

做做看㉕ **用烤箱烤出口感鬆軟的番薯**

■材料（1～2人份）
・番薯……中型1條（250～300g）
■準備用具
・烤箱
・廚房餐巾紙
・鋁箔紙
・串叉
■做法
①前置作業
充分洗淨番薯，以溼的廚房餐巾紙包裹番薯兩層。接著再裹上鋁箔紙。

②烘烤

將①的番薯放入尚未變熱的烤箱中，加熱溫度設定180℃。當溫度到達180℃時，加熱1小時左右，並以串叉刺刺看，若能輕易插入中間，即可完成。

做做看 ㉖ 用平底鍋做口感扎實的蒸烤番薯

■**材料**（1～2人份）
- 番薯……中型1條（250～300g）

■**準備用具**
- 平底鍋（附蓋）
- 鋁箔紙
- 串叉

■**做法**

①**前置作業**

充分洗淨番薯，以鋁箔紙包裹。

並以鋁箔紙製作兩根粗1cm、長5cm左右的棒子。

②**悶蒸**

將鋁箔紙棒排入平底鍋，並將①的番薯擺放於上方。

於鍋中倒入水，大約是快要浸到番薯的高度，並蓋上鍋蓋。

以中火加熱，沸騰後轉為極小火，蒸烤30～60分鐘。

過程中若水分蒸發到快沒有水時，則須補加水。

以串叉刺刺看，若能輕易插入中間，即可完成。

將番薯從平底鍋或鋁箔紙中取出時，要小心別燙傷了。

【冷知識】擺放一段時間的番薯比較甜

番薯的收成期是夏末至整個秋季，但能夠品嘗到又甜又美味的番薯卻要等到秋季尾聲到冬季這段期間，會有如此差異也是因為受到澱粉酶這種酵素的影響。

其實番薯中含有的澱粉酶可分為兩種，一種是先前介紹過，當溫度在70℃左右時，能夠充分發揮作用的「β-澱粉酶」，另一種則是「α-澱粉酶」，會在5～10℃的環境下發揮作用，雖然速度比β-澱粉酶緩慢許多，卻同樣能將番薯的澱粉分解轉化為糖分。

將收成的番薯存放於低溫環境1個月以上的話，在α-澱粉酶的幫助下能增加甜味，讓番薯變得更美味。

【冷知識】我們的口中也有澱粉酶

澱粉酶不只存在於番薯中，其實我們的唾液（口水）也含有澱粉酶。證據就是當我們將白飯或薯類植物等含有大量澱粉的食物放入口中長時間咀嚼時，甜味會慢慢增加。這是因為唾液中的澱粉酶將食物中的澱粉轉換成糖分的關係。

我們沒有辦法直接吸收澱粉，而是必須將澱粉分解成更小的糖粒，經腸道吸收成為能量再利用。這過程中的第一階段就必須透過唾液的澱粉酶產生作用。

調查看看10

就算整顆番薯拿去汆燙，在澱粉酶的作用下，也能讓番薯變甜，可是甜度卻不如用烤箱烤過或平底鍋蒸烤。這是為什麼呢？（提示與解說請參照167頁）

第9章

食鹽的力量

1.魔法調味料

　　砂糖、醬油、味噌、醋……，調味料的種類眾多，其中，「食鹽」應該可說是最基本的調味料吧。說到食鹽，大家或許只覺得是「用來讓料理有鹹味的調味料」，但其實食鹽的功能可不只這樣。食鹽可是能讓食材中的成分起作用，發揮各種效果，且非常方便的魔法調味料。本章就要來向各位介紹食鹽的幾種功效。

2.食鹽與水分

①釋出水分

　　將切好的小黃瓜放入料理盆，撒入食鹽，靜置片刻的話會怎麼樣呢？這時小黃瓜會出水，讓原本爽脆的口感變軟。

　　這是因為食鹽能讓生的食材出水，使食材變軟的關係。

　　無論是小黃瓜等蔬菜，還是魚類肉類，都是由許多細胞集結而成。每個細胞都被一層薄膜包覆，這層薄膜稱為「細胞膜」。細胞膜具有「水能通過，溶於水中的成分卻無法通過」的特性。舉例來

說，當細胞接觸食鹽水時，水能夠自由進出細胞膜，但溶於水中的食鹽卻無法通過薄膜進入細胞中。

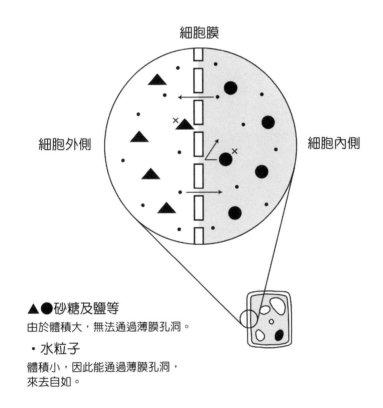

細胞膜

細胞外側

細胞內側

▲●砂糖及鹽等
由於體積大，無法通過薄膜孔洞。

·水粒子
體積小，因此能通過薄膜孔洞，
來去自如。

　　當溶解於細胞薄膜內側及外側的成分濃度不同時，較淡的一側會將水滲出至較濃的一側，施加壓力試圖讓兩邊的濃度一致。這樣的壓力稱為「滲透壓」。

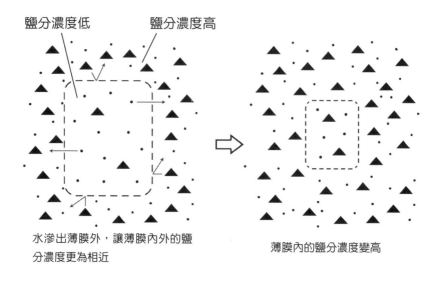

鹽分濃度低　　　　鹽分濃度高

水滲出薄膜外，讓薄膜內外的鹽
分濃度更為相近

薄膜內的鹽分濃度變高

　　將小黃瓜撒鹽後，鹽會夾住小黃瓜的細胞膜，施加滲透壓。撒下的鹽會溶化於小黃瓜表面沾附的水，讓細胞外側處於含有濃度較高的食鹽水狀態。如此一來，水就會從細胞內側滲出至細胞外側，試著讓外側沾附的鹽水濃度變淡。這就是小黃瓜撒鹽後會出水的原因。

　　此外，若是植物的話，細胞膜外圍還包覆著「細胞壁」。平常細胞壁內側的細胞會充滿整個空間，但水分若從細胞滲出的話，細胞膜就會像氣球一樣，消氣變小。細胞壁也因為這樣失去彈性，讓蔬菜變軟。

　　製作鹽醃高麗菜或小黃瓜時，就是利用此特性，擠出蔬菜的水分，讓蔬菜變軟。

　　經過這樣的前置處理，再添加其他調味料時，由於蔬菜變軟，相對也較容易讓調味料入味。

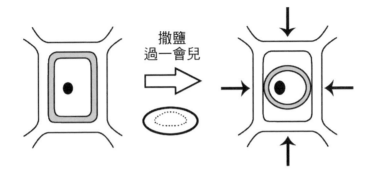

　此外，前置處理已滲出了相當的水分，就比較不會因為事後添加調味料所含的鹽分，導致蔬菜出水，讓一起拌和的其他食材變得太水。

②帶進水分

　反觀，細胞外側的水分同樣能夠進入細胞內側。將細胞內側所含的水分換算成食鹽水的話，濃度大約是0.85%，當中更存在著各式各樣的物質。因此，讓細胞接觸鹽分濃度更低的食鹽水和不含任何成分的水時，受到滲透壓影響，水分就會移動至細胞內側。如此一來，細胞就像氣球一樣整個撐起來，將細胞壁從內向外撐開，呈現非常有張力、彈性的狀態。這也是為什麼將蔬菜浸水片刻後，能讓口感爽脆、多汁。

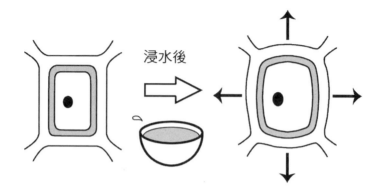

浸水後

　但是滲透壓也會帶來負面影響。舉例來說，若將生菜沙拉淋醬並靜置片刻，受到淋醬內含的鹽分影響，滲透壓會讓蔬菜出水。如此一來就會讓沙拉變軟，淋醬味道變淡，還會讓沙拉變得爛爛的，影響口感。因此儘量等到要吃的時候，再將生菜沙拉淋醬。

　另一方面，蒸蔬菜或汆燙蔬菜等，曾經加熱過的蔬菜則不用擔心滲透壓的影響。蔬菜在新鮮時，細胞膜還處於活著的狀態，一旦加熱後，細胞膜就會隨之死亡，讓水分及其他成分能自由移動。因此，加熱過的蔬菜不會因滲透壓出水變軟，或是出現吸水膨脹的情況。

　這時，食鹽等調味料就能夠通過細胞膜進入細胞內側，因此鹹味也會隨著時間慢慢地與蔬菜結合。

實驗看看 ⑰ 將蔬菜撒鹽看看

將蔬菜撒鹽，觀察看看出水情況吧。

■**準備用具**

・小黃瓜

・胡蘿蔔

・食鹽

・菜刀

・砧板

・盤子

■**方法**

將小黃瓜及胡蘿蔔切成薄圓片，撒鹽並分別放置於盤子10分鐘以上。這時，小黃瓜及胡蘿蔔會慢慢出水變軟。

那麼，汆燙過的胡蘿蔔撒鹽的話會是怎樣的呢？各位不妨與生胡蘿蔔做比較。

做做看 ㉗ 涼拌高麗菜沙拉

■**材料（2人份）**

・高麗菜……2～3片

・火腿……2片

・食鹽……1/2小匙

＊美乃滋……1大匙

＊砂糖……1/2小匙

＊醋……1小匙

■**準備用具**

・菜刀

・砧板
・料理盆
・料理筷
■做法
①切蔬菜等
將高麗菜切絲，放入料理盆。撒鹽輕輕搓揉，靜置5分鐘左右。火腿同樣切成細絲。
②拌和
將高麗菜滲出的水分確實擰乾，加入＊記號的調味料，用料理筷拌和。靜置30分鐘使其入味的話，會更美味。

【冷知識】鹽漬食品的今昔變遷

　　將食物漬鹽進行保存的「鹽漬」手法，是過去還沒有冰箱等設備的時代中，人們賴以為生的保存技術。食物會腐敗是因為細菌朝內含的營養成分聚集，並在其中不斷增生。然而，只要將食物漬鹽，細菌細胞中的水也會因此滲出，讓細菌無法生存下去。因此漬鹽能讓食物得以長時間保存，避免腐敗。

　　現在的保存技術相當發達，除了有料理包、罐頭外，還可使用冰箱，甚至一整年都能取得各種食物。當然就不用刻意將食物漬鹽保存。

　　此外，鹽分攝取過量有害身體健康，許多人皆會刻意減少攝取量。因此許多現代人在製作原本用來作為長時間保存的鹽漬料理時，也變得更重視味道和健康而非保存性，並刻意減少鹽的添加量。

3.食鹽與溫度

①降低冰塊溫度

　　食鹽與冰塊組合能讓溫度下降。我們就來利用此特性，讓果汁結冰，製作冰沙吧。

　　就算只有冰塊，平常我們也都會用來達到冷卻效果。除了在飲料中加入冰塊，享受冰鎮的感覺，夏季慶典的攤販會將果汁浸在冰水中冰鎮，發燒時還能用冰水讓頭部降溫，冰塊的用途可說非常廣泛。但不管怎麼做，光靠冰塊都無法讓果汁結冰。

　　水以0℃為基準，當溫度低於0℃時會凝結成冰，溫度高於0℃時會恢復成水。當水含有其他成分時，就會讓結冰溫度下降。當內含成分愈多，結冰的溫度就會愈低，因此果汁比水更不容易結冰，愈濃的果汁則比愈淡的果汁更難結冰。以一般的水製成的冰塊會在0℃時結冰或融化，但果汁卻必須更低的溫度才能夠結冰，因此靠冰塊冰鎮果汁，也只能讓果汁變得冰涼，無法使其結冰凝固。

　　若將冰塊撒鹽的話會怎麼樣呢？這時溫度竟然會漸漸下降，甚至掉到接近–20℃左右。在如此低溫的環境下，不只果汁會結冰，就算內含牛奶或蛋也能夠凝固，因此還可以用來製作冰淇淋。

　　我們在閱讀古代故事或小說時，會發現有時候在還沒有冰箱的時代竟然會出現冰淇淋等冰品，這是因為古代人透過經驗，發現「冰加了鹽之後似乎會變得更冰」，即便不知道為何會如此，但仍

利用此方法製作冰淇淋等冰品。

為什麼會出現這麼神奇的事呢？

當冰塊融化成水時，會吸取周遭的熱能。這也是放置冰塊附近為什麼會很涼快的原因。但是當四周變冷，溫度比0℃還低時，冰塊就會停止融化。

「冰塊融化，四周變涼快」→「變涼快後，冰塊不易融化」→「四周溫度回升，冰塊再度融化」不斷循環下，冰塊就在維持0℃附近的環境下慢慢融化。

不過，前一頁我有提到「當水含有其他成分時，就會讓結冰溫度下降」，而食鹽也會出現這樣的現象。將冰塊撒鹽後，冰融化成水，鹽又溶解於水中形成食鹽水。當水中的食鹽含量極高，高到無法再溶解食鹽時，便能讓水的凍結溫度降至–21.3℃。

因此，即便冰塊融化吸取周遭熱能，讓四周溫度低於0℃，還是能讓溫度持續慢慢下降。另一方面，食鹽溶解於水時，同樣會吸取周遭熱能，讓溫度下降的更快。

這樣不只能拿來製作冰沙或冰淇淋，海上的漁船也是用此方法，將捕撈的漁獲快速冷卻並運送回港邊。

此外，水含有其他物質時，能降低結凍溫度。讓水不易結凍的特性同樣被活用在降雪季節。大家都知道，當雪融化又凝固時，會讓道路的結冰變滑，是相當危險的事。為了讓水不易結冰，我們會施撒「氯化鈣」等與鹽同性質的物質。

【冷知識】冰塊的「融化」與鹽的「溶化」

結凍的冰塊遇熱變水時，我們會說冰塊「融化」。然而，將鹽加入水中攪拌直到看不見時，我們會說鹽「溶化」。「融化」與「溶化」乍看相似，但卻是兩種完全不同的現象。冰塊的「融化」是從固體變成液體，鹽的「溶化」則是液體中溶解了其他的成分，很難懂對吧。

做做看 ❷⑧　冰沙

■材料（2人份）

- 冰塊……450g
- 食鹽……150g（冰：鹽比例設定3：1的效果最好）
- 果汁（自己喜愛的種類皆可）……200mL

■準備用具

- 夾鍊袋
- 超市給的塑膠袋等不會漏水的袋子
- 手套
- 溫度計（非必備品）

■做法

①前置作業

將果汁倒入夾鍊袋，並確實壓緊夾鍊處，避免外漏。

②冰鎮

將冰塊及食鹽放入塑膠袋中攪拌（若家中有溫度計的話，可量看看這時冰塊的溫度）。接著放入①的夾鍊袋，並將塑膠袋綁起來。戴上手套，從外輕輕搓揉、搖動混合，冰鎮個5分鐘。

※施力過大有可能導致夾鍊袋開口打開，使果汁外漏，因此須特別注意。

※這時冰塊的溫度會變很低，長時間碰觸的話有可能會凍傷，因此務必戴上手套作業。

③**取出**

果汁變硬後，便可從塑膠袋中取出，並擦拭掉附著在夾鍊袋上的鹽水。

將結冰的果汁倒入容器中。可將夾鍊袋底部剪開，便能輕鬆將果汁擠壓出來。

實驗看看 ⑱ 調查溫度的下降模式及
如何更快結冰

改變冰塊與食鹽的比例，比較看看溫度的下降模式。

改變果汁濃度，比較看看是否能讓果汁更快結冰。

4.食鹽與蛋白質

①在水煮蛋中充分發揮功效

蛋白質是我們身體組織形成上非常重要的材料，同時也是蛋、魚、肉類的主要成分。

食鹽具備讓蛋白質更容易凝固的功效，能夠輕易感受到此功效的，就屬蛋類料理。

「調查看看②」有提到「煮水煮蛋時，須在熱水中加鹽」。這是因為氽燙時就算蛋殼出現裂痕，在鹽的作用下也能快速讓蛋白凝固，避免裡面的蛋白或蛋黃流出。

②在漢堡排中充分發揮功效

製作漢堡時，食鹽同樣扮演重要角色。雖然每戶人家或餐廳的食譜會有些許不同，但一般而言，漢堡排的主要材料為絞肉、洋蔥、蛋、麵包粉、牛奶、胡椒、肉豆蔻，還有食鹽。

食鹽除了能用來調味，還能讓絞肉更加成形，避免漢堡排散掉。

蛋白質同樣可以分成很多種類，肉類當中最重要的就屬「肌動蛋白」及「肌凝蛋白」兩種。這些蛋白質長得就像細線，平常會大量聚集成束，形成肌肉細胞。

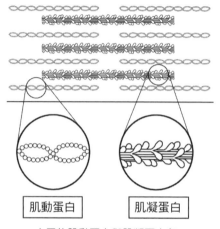

肌動蛋白 肌凝蛋白

大量的肌動蛋白與肌凝蛋白各
自聚集後，會形成肌肉

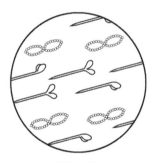 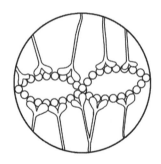

崩解分離　　　　　肌動蛋白與肌凝蛋白結合，相互交織

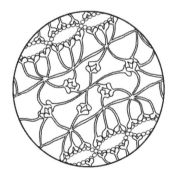

在網目交織的狀態下加熱凝固

將食鹽加入絞肉中搓揉攪拌的話，食鹽會溶解於絞肉所含的水分，形成高濃度鹽水。肌動蛋白與肌凝蛋白非常容易溶解於食鹽水，原本成束的組織更會開始崩解，並溶至食鹽水中。

再繼續搓揉攪拌的話，絞肉還會產生黏性，變得容易成形。這時，肌動蛋白與肌凝蛋白會相互交織，形成網目般的狀態，感覺就很像收集線渣並揉成圓的樣子。

將絞肉加熱後，肌動蛋白與肌凝蛋白就會在網目交織的狀態下凝固，成為不容易散開的漢堡排。此外，由於水分被鎖在網目中，因此漢堡排嘗起來不會乾柴，也不用擔心鮮味流失。

【冷知識】又搓又揉

我們會將雞肉丸放入火鍋烹煮，或是沾醬後燒烤，雞肉丸是用搓揉的方式製成。除了雞肉，我們還會放入其他材料，一起塑形成丸子狀。

此外，竹輪和魚板這類食品則是把魚漿加鹽後充分搓揉，讓肌動蛋白與肌凝蛋白產生黏性。

漢堡排

■**材料**（2～3人份）

- 混合絞肉……300g
- 洋蔥……1/4～1/2顆
- 麵包粉……1/2杯
- 牛奶……4大匙
- 蛋……1顆
- 食鹽……1/2小匙
- 胡椒……少許
- 肉豆蔻……少許
- 沙拉油……1/2＋1/2大匙
- 番茄醬……2大匙
- 伍斯特醬……1大匙

■**準備用具**

- 料理盆
- 菜刀
- 砧板
- 平底鍋（附蓋）
- 鍋鏟
- 料理筷
- 串叉

■**做法**

①**處理食材**

將混合絞肉與料理盆放入冰箱冷藏，充分冷卻。

將洋蔥切成細丁，以1/2大匙的沙拉油充分拌炒，放冷備用。

將麵包粉添加牛奶浸溼，以料理筷打散蛋。

混合番茄醬與伍斯特醬，製成漢堡排用醬汁。

②搓揉

將混合絞肉加入食鹽、胡椒、肉豆蔻，並充分搓揉。一定要持續搓
揉，直到產生黏性。產生黏性後，加入①的洋蔥、蛋、以及用牛奶浸
溼的麵包粉，接著繼續搓揉。

當食材充分成形，且帶有黏性後，就完成漢堡排肉的準備作業。分成
2等分（或3等分），捏成橢圓形。

③熱煎

於平底鍋加入1/2大匙沙拉油，以小火加熱。將漢堡排肉放在手心，
以像是接球的方式，用雙手不斷地將漢堡排肉來回拍甩，將裡面的空
氣甩出。

中間稍微壓出凹槽，放入平底鍋中，以較小的中火熱煎。

④悶蒸

當漢堡排肉約一半的厚度出現變色後，便可翻面。

將火轉小，蓋上鍋蓋，繼續加熱7～8分鐘。

以串叉刺入中間，若有流出澄澈的汁液，就表示已經熟透。

淋上①的醬汁，便可品嘗享用。

■訣竅

● 食鹽用量不用超過肉重的1%。

● 油會溶出肌動蛋白與肌凝蛋白，阻撓網目形成。絞肉在常溫的情況
  下，肉的油脂會溶出，變得黏滑，因此建議充分冷卻絞肉後再來搓
  揉。沒有在一開始就加入洋蔥或蛋，也是因為炒洋蔥時的沙拉油，
  以及雞蛋蛋黃本身所含的油分同樣會阻撓絞肉產生黏性。

● 洋蔥必須等完全冷卻後再加入。若還有餘溫時就加入會讓絞肉受
  熱，使油分溶解，變得黏滑。

【冷知識】麵包為何要加鹽

　　我們也會藉助鹽的力量讓麵粉產生黏性。麵粉中「麥蛋白」與「麥膠蛋白」這些主要蛋白質成分若與水一起搓揉的話，會形成一種名為麩質，充滿黏性與彈性的結構。若添加鹽，能讓麩質具備極佳的拉伸性，讓麵團更容易膨脹或延展。

　　舉例來說，蕎麥麵是將麵團用刀子切成細長條狀，麵線卻是將麵團慢慢地拉長拉細，製成麵條。這裡就是食鹽讓麩質具備足夠的拉伸性，讓麵線能夠愈拉愈長，且過程中不會斷裂。

　　此外，於麵包麵團中加入食鹽，還能使麵糰膨脹，讓烤出來的麵包更加鬆軟。這也是為什麼我們會在吐司或甜麵包添加食鹽的原因。

「調查看看」的提示與解說

1 　將美乃滋加熱或冷凍有時會出現分離。這是為什麼呢？

　　美乃滋加熱後，用來乳化水及油的成分受到破壞，變得無法進行乳化。此外，若將美乃滋冷凍，部分的油會凝結變成尖銳的結晶，這些結晶會刺穿乳化劑薄膜，使薄膜受損，當美乃滋解凍後，就會分離。

2 　水煮蛋時，為什麼要在熱水中加入鹽或醋？

　　食鹽與醋具有容易讓蛋白質凝固的效果。因此即便蛋殼出現裂痕，靠近裂痕的蛋白會凝固，覆蓋住裂痕處，避免蛋白外流。

3 　立刻將水煮後的蛋放入冷水是為了更容易剝蛋殼，以及避免蛋黃變黑。為什麼立刻放入冷水既能讓蛋殼更好剝、又能預防變色呢？

讓蛋殼更好剝的理由：當水煮蛋降溫時，從蛋裡跑出來的水蒸氣會變成水。此外，遇到急速冷卻的情況時，蛋殼與裡頭的水煮蛋會稍微收縮，但由於兩者的收縮程度不同，使蛋殼與水煮蛋間產生間隙。接著，水會進入這個間隙，避免蛋殼與水煮蛋黏在一起，當然就能讓蛋殼更好剝。

預防變色的理由：長時間水煮蛋的話，蛋白會釋放一種名為硫化氫的氣體。硫化氫一旦與蛋黃中的鐵成分結合，就會變成硫化鐵的黑色物質。若急速冷卻水煮蛋的話，就能讓硫化氫氣體釋放至蛋外，預防蛋黃變色。

4 焦糖放入容器冷卻後，雖然會變硬，但熱蒸之後卻又會再次溶解變成液狀。可是為什麼溶解的焦糖不會和布丁液混在一起呢？

物質每單位體積內所含有的質量稱為「密度」。焦糖的水分中溶解了大量的砂糖，因此密度比布丁液還要大。將密度不同的液體慢慢地相重疊時，密度大的液體會沉到密度小的液體下方，攪拌後靜置一段時間的話，又會再分成兩層的狀態。

5

只有植物和一部分的細菌才能自行製造類胡蘿蔔素。那麼，為什麼蝦子和螃蟹體內會含有大量的蝦青素呢？

大海裡生長有內含蝦青素的藻類及植物性浮游生物。動物性浮游生物吃下這些藻類及植物性浮游生物後，體內也開始出現蝦青素。蝦子和螃蟹也因為吃下這些生物，使得體內同樣存在蝦青素。

6

切開的蘋果為什麼要立刻灑上檸檬汁呢？

蘋果含有一種名為多酚的成分，以及讓多酚變成褐色的酵素。切開蘋果後，這兩種原本處於不同位置的物質就會相遇。因此將切開的蘋果靜置一段時間後，剖面處就會變成褐色。檸檬汁具有抑制酵素起作用的功效。

7

吃了武靴葉後再吃砂糖，為什麼感覺就像在吃沙子呢？

武靴葉含有一種名為武靴葉酸的成分，此成分能遮蔽舌頭細胞與甜味物質結合，讓舌頭接觸到甜味物質時，無法進行感應，當然就感受不到甜味。

8 馬鈴薯有各種不同特徵的品種，使用時也會挑選適合的品種。除了用來製作洋芋片等點心零嘴的品種、用來做成太白粉的品種外，還有料理用的品種，這些品種又分別有怎樣的特徵呢？

點心零嘴：許多點心零嘴都是油炸製成，一旦糖分過多，油炸時較容易焦掉變成褐色，因此必須挑選糖分含量少的品種。此外，也建議挑選表面凹凸不平較少、好削皮、容易切成薄片的馬鈴薯。

太白粉：太白粉是以馬鈴薯的澱粉製成，因此要挑選含有大量優質澱粉的馬鈴薯。

9 將馬鈴薯與蘋果放在一起的話，就能預防馬鈴薯長出芽。這是為什麼呢？

蘋果會釋放一種名為乙烯的氣體，這種氣體不僅能讓水果更容易熟成，還能夠抑制馬鈴薯長芽。但乙烯卻會讓葉菜類蔬菜枯萎黃化，因此須特別注意。

10 就算整顆番薯拿去汆燙，在澱粉酶的作用下，也能讓番
薯變甜，可是甜度卻不如用烤箱烤過或平底鍋蒸烤。這
是為什麼呢？

所謂的「汆燙」調理，是將食物浸在水中進行加熱，因此
食物的成分會從表面逐漸地溶至水中。澱粉分解後所形成
的部分糖分也會流入水中，因此與蒸、烤烹調法相比，汆燙的番薯
甜味表現稍嫌遜色。

尾聲

閱讀完本書後，各位對料理與科學的世界有什麼感想呢？相信對平常不會多想就吃下肚的食物稍微有點改觀了吧？

當自己累積了科學知識或思維後，對世界的看法也會慢慢改變。或許可以說是增加了更多觀察世界的方法。

在吃東西時，除了感覺「好吃！」「不太喜歡」外，還能想起「這道料理應該是因為……，才會……」，或是判斷「這布丁會那麼好吃，應該是火候控制得剛剛好吧」。每一口食物都能帶來雙重、三重樂趣，實在是物超所值。

我們必須每天進食才能維持生命，一天3餐，一個禮拜就是21餐，一年竟然就有1095餐。透過每一餐提問「為什麼」，並找到「原來如此」，將能讓生活的每一天更加感動、更充滿驚奇。

這種感動與驚奇不只是在吃的時候才感受的到。製作的料理失敗時，同樣能以科學角度思考失敗的原因，或許會讓你有新的發現。許多偉大的發現及驚人的發明都是來自摸索失敗原因的過程。因此各位千萬別害怕失敗，勇敢挑戰料理與實驗吧。

本書介紹的，都只是科學世界中最皮毛的內容。對於科學世界稍稍產生興趣的讀者們，敬請深入調查特別有興趣的項目。

　　此外，在日常生活或飲食中，當有「這是為什麼呢」「真不可思議」的想法時，不妨也試著思考其中的原因。

　　提示或解答或許會出現在教科書中，又說不定會在圖書館的書籍裡，各位也可以問問學校老師或身邊的大人。當自己透過實驗進行確認時，或許能得到更心服口服的答案及更深入的了解。

　　就讓我們一同感受獲得新知識的喜悅、解開疑惑時的舒暢、發現某種事物的興奮之情，感受更多更多，直到心滿意足為止。

國家圖書館出版品預行編目資料

不可思議的料理科學 ：從科學角度切入美味的原因，
淺顯易懂，可以自己實驗的工具書 / 平松サリー著；
蔡婷朱譯 .—— 初版 .—— 臺中市：晨星，2019.03
面；公分 .——（知的！：153）
譯自：おもしろい！料理の科学

ISBN 978-986-443-835-8（平裝）
1. 科學實驗 2. 食品科學

303.4   107023121

知的！153

不可思議的料理科學：

從科學角度切入美味的原因，淺顯易懂，可以自己實驗的工具書
おもしろい！料理の科学

作者	平松 サリー
內文圖片	小鷹ナヲ
譯者	蔡婷朱
編輯	吳雨書
校對	吳雨書
封面設計	陳語萱
美術設計	王志峯
創辦人	陳銘民
發行所	晨星出版有限公司
	行政院新聞局局版台業字第 2500 號
總經銷	知己圖書股份有限公司
地址	台北 台北市 106 辛亥路一段 30 號 9 樓
	TEL：（02）23672044／23672047
	FAX：（02）23635741
	台中 台中市 407 工業區 30 路 1 號
	TEL：（04）23595819　FAX：（04）23595493
Email	service@morningstar.com.tw
晨星網路書店	http://www.morningstar.com.tw
法律顧問	陳思成律師
出版日期	西元 2019 年 3 月 15 日初版 1 刷
郵政劃撥	15060393（知己圖書股份有限公司）
讀者服務專線	04-23595819#230
印刷	上好印刷股份有限公司

定價 350 元
（缺頁或破損的書，請寄回更換）
ISBN 978-986-443-835-8
《OMOSHIROI! RYOURI NO KAGAKU》
© SALLY HIRAMATSU 2017
All rights reserved.
Original Japanese edition published by KODANSHA LTD.
Traditional Chinese publishing rights arranged with KODANSHA LTD.
through Future View Technology Ltd.
本書由日本講談社正式授權，版權所有，未經日本講談社書面同意，
不得以任何方式作全面或局部翻印、仿製或轉載。

黏貼郵票

407
台中市工業區 30 路 1 號

晨星出版有限公司
知的　編輯組

更方便的購書方式：

(1) 網站：http://www.morningstar.com.tw
(2) 郵政劃撥　帳號：15060393
　　　　　戶名：知己圖書股份有限公司
　　　請於通信欄中註明欲購買之書名及數量
(3) 電話訂購：如為大量團購可直接撥客服專線洽詢

◎ 如需詳細書目可上網查詢或來電索取。
◎ 客服專線：04-23595819#230　傳真：04-23597123
◎ 客戶信箱：service@morningstar.com.tw